有些事
根本不配占有
你的情绪

· · · · · · · ·

[日] 枡野俊明 著　沈英莉 杨鑫仪 译

北京日报出版社

图书在版编目（CIP）数据

有些事 根本不配占有你的情绪 /（日）枡野俊明著；沈英莉，杨鑫仪译. —— 北京：北京日报出版社，2023.2
ISBN 978-7-5477-4166-5

Ⅰ.①有… Ⅱ.①枡…②沈…③杨… Ⅲ.①人生哲学－通俗读物 Ⅳ.①B821-49

中国版本图书馆CIP数据核字(2021)第241396号
著作权合同登记 图字：01-2022-1942号

SHIGOTO MO NINGENKANKEI MO UMAKUIKU HOTTEOKU CHIKARA
by Shunmyo Masuno
Copyright © Shunmyo Masuno, 2021
All rights reserved.
Original Japanese edition published by Mikasa-Shobo Publishers Co., Ltd.
Simplified Chinese translation copyright © 2023 by Beijing Zito Books Co., Ltd.
This Simplified Chinese edition published by arrangement with Mikasa-Shobo Publishers Co., Ltd., Tokyo, through HonnoKizuna, Inc., Tokyo, and BARDON CHINESE CREATIVE AGENCY LIMITED

有些事 根本不配占有你的情绪

责任编辑：秦　姚
监　　制：黄　利　万　夏
特约编辑：曹莉丽　鞠媛媛　杨佳怡
营销支持：曹莉丽
版权支持：王秀荣
装帧设计：紫图装帧
出版发行：北京日报出版社
地　　址：北京市东城区东单三条8-16号东方广场东配楼四层
邮　　编：100005
电　　话：发行部：(010) 65255876
　　　　　总编室：(010) 65252135
印　　刷：嘉业印刷（天津）有限公司
经　　销：各地新华书店
版　　次：2023年2月第1版
　　　　　2023年2月第1次印刷
开　　本：787毫米×1092毫米　1/32
印　　张：7
字　　数：140千字
定　　价：55.00元

版权所有，侵权必究，未经许可，不得转载

前言

不被人际关系困扰的人，多是不会被情绪所左右的人。

他们不会在社交网站上轻易交友，也不会和朋友不停地全天候 24 小时互发消息，不诽谤、中伤别人，自己也不会被别人诽谤、中伤。

他们在人际交往中重视的是质量，而非数量，能够从容地放下那些不曾谋面的、不确定的多数人的意见和行为。

能够积极专注于工作的人，多是不会被情绪所左右的人。

他们既不察言观色，也不过度在意周围人的评价，不会被无用的信息或知识左右。

他们能够独立思考，有判断力和行动力，对于他人的所做、所说，以及无用的信息或知识，能很好地放下。

能够舒适地度过每一天的人，多是不会被情绪所左右的人。

他们不会折磨自己，不会对既往的悔恨耿耿于怀，对未发生的事也不会杞人忧天。

对于"无可奈何""束手无策""事已至此"的事情,他们能够豁达地放下。

可以放下的事情就放下,不要让它占有你的情绪。

如此一来,无论是在精神上还是心理上都会感到轻松,也能专注于眼前更重要的事。把烦恼控制到最小值,就能更加愉快、舒适、健康地生活。

世上有太多事是我们无法控制的。把别人的事、过去的事、未来的事……通通放下。不要再劳心伤神,而是全力以赴地专注于"正在做的事"和"能做到的事"。

当然,在工作、人际关系以及人生中也有许多不能放下的问题。那么,如何区分该放下的事情和不该放下的事情呢?这些问题我将在本书中进行阐述。

我希望这本书能够帮助大家学会放下,不要让一些生活琐事过多占有你的情绪,真诚地希望这本书能帮助读者更加愉快、舒适、健康地生活。

二〇二一年四月吉日
枡野俊明

目 录

不被情绪支配
——人际关系可以更轻松

01	不被情绪支配,让人生变好的"放下力"	/ 2
02	不过度关心,给彼此一些空间	/ 4
03	不要总想改变别人	/ 6
04	别人能懂自己一半已是极好	/ 8
05	就算是家人,彼此也是不同的人	/ 10
06	不要让理解不了的事占有你的情绪	/ 12
07	职场上"不讲个人情感"	/ 14
08	不孤立他人,也不强行融入集体	/ 16
09	不再察言观色	/ 18
10	放轻松,默默关注就好	/ 20

目录

11	不焦虑，充实地度过独处时间	/ 22
12	做不到就是做不到	/ 24
13	随缘，不为失去的而懊恼	/ 26
14	不患得患失，不执着于计较得失	/ 28
15	不要让社交网络左右你的情绪	/ 30
16	不要让炫耀、虚荣占有你的情绪	/ 32
17	扩大"好心情之圈"	/ 34
18	不予理会，不动感情	/ 36
19	去者勿追，不要沉湎于逝去的痛苦中	/ 38
20	不留恋曾经的荣耀	/ 40
21	远离消极的人	/ 42

CHAPTER 2

有些事，根本不配占有你的情绪
——告别不安、焦虑、愤怒的方法

22	想不明白的事，就不要再想了	/ 46
23	学会遗忘，不要让不愉快的事占有你的情绪	/ 48
24	不是别人的期待，你都要满足	/ 50
25	摘下好人面具，你不必讨好每一个人	/ 52
26	不要让"比较心"占有你的情绪	/ 54
27	不要让世俗眼光占有你的情绪	/ 56
28	不再比较：人与人之间没有优劣，只有不同	/ 58
29	不要让"对别人的期待"占有你的情绪	/ 60
30	"嗯……都在意料之中"	/ 62
31	放平心态，做真实的自己	/ 64

目录

32 无须和别人比,和"昨天的自己"比较就好 / 66

33 帮助了别人要当场忘掉 / 68

34 常自省,自己不是世界的中心 / 70

35 感谢支持自己的人 / 72

36 别太在意那些微小的差别 / 74

37 学会自嘲,心情会更轻松 / 76

38 不要"后悔",而要"检查" / 78

39 处理闲置物品,舍弃对自己没用的东西 / 80

40 不是丢弃,而是放手 / 82

CHAPTER 3

不要"过度反应"
——减少心灵损耗的练习

41	别太较真啦	/ 86
42	偶尔屏蔽信息,不想看的不看、不想听的不听	/ 88
43	别让无用的信息占有你的精力	/ 90
44	不要轻易动摇	/ 92
45	坦诚地说"不知道"	/ 94
46	默念三遍"不要焦虑"	/ 96
47	放下那些无关紧要的工作	/ 98
48	不要让无关的事占有你的情绪	/ 100
49	谨慎发言,不对他人的生活指手画脚	/ 102
50	回复消息前请先深呼吸	/ 104

目录

51　放慢速度　　　　　　　　　　　　　　　　/ 106

52　痛快地哭过后,别沉溺于悲伤　　　　　　　　/ 108

53　"唉,我可真小气啊"　　　　　　　　　　　 / 110

54　活出自我,不要让"大家的想法"占有你的情绪　/ 112

55　试着"换个角度"　　　　　　　　　　　　　/ 114

56　不再一根筋,撞了南墙要及时回头　　　　　　/ 116

57　尊重不同,每个人都是不一样的　　　　　　　/ 118

58　不要抱有过高的期望　　　　　　　　　　　　/ 120

59　专注于眼前的工作　　　　　　　　　　　　　/ 122

60　犯错后不要找借口　　　　　　　　　　　　　/ 124

61　做自己,不被流行左右　　　　　　　　　　　/ 126

CHAPTER 4

有些事，根本不配占有你的精力
——不再自找苦吃的思考方法

62	不要放大不安，尽量乐观地思考	/ 130
63	摆脱"苦思无果"	/ 132
64	人生的主人公是自己，请保持个人风格	/ 134
65	做好自己的本职工作就好	/ 136
66	每天制造一个"小变化"让每一天都不同	/ 138
67	此时此处，此身此心	/ 140
68	沉溺于过去的人会失去未来	/ 142
69	没有两个工作是完全相同的	/ 144
70	不要把事情拖到明天	/ 146
71	做自己擅长的事	/ 148

目 录

72　不勉强自己，也不勉强别人　　　　　　　/ 150

73　女生并不比男生差　　　　　　　　　　　/ 152

74　没有学历不等于就不能成功　　　　　　　/ 154

75　晚上，请好好睡觉吧　　　　　　　　　　/ 156

76　对自己不设限也不高估　　　　　　　　　/ 158

77　越是顺利，越要警惕　　　　　　　　　　/ 160

78　你不用委屈自己去讨好别人　　　　　　　/ 162

79　勇敢地决定，不要被无关的人干扰　　　　/ 164

80　不要让胜负欲搞得自己身心俱疲　　　　　/ 166

81　请别人帮忙时要实情以告　　　　　　　　/ 168

CHAPTER 5

不必如此"黑白分明"
—— 舒适地度过一生的启示

82	一切都会过去	/ 172
83	所有经历,都是成长的礼物	/ 174
84	相信自己的选择	/ 176
85	那就是当时最好的解决办法	/ 178
86	后悔过去和担忧未来都是种"妄想"	/ 180
87	失败了也没关系	/ 182
88	别着急,脚踏实地地做事	/ 184
89	梦想不需要太大	/ 186
90	越忙越要喘口气	/ 188
91	每个人都是不一样的	/ 190
92	即使赢了,也要给对方留有余地	/ 192

目 录

93	熄灭"战斗的火种"	/ 194
94	你所谓的"正确言论"并不一定能说服他人	/ 196
95	巧妙让步	/ 198
96	人生本来无一物	/ 200
97	知道自己该干什么	/ 202
98	自由自在地活着	/ 204
99	做好该做的事,然后顺其自然	/ 206

CHAPTER

1

不被情绪支配
——人际关系可以更轻松

让人生变好的"放下力"

给彼此一些空间

不要总想改变别人

能懂一半已是极好

……

01

不被情绪支配，让人生变好的『放下力』

有些事
根本不配占有
你的情绪

——现代人所必需的『生存技巧』

从当下开始执行

人们对于"放下"这个词,可能没什么好印象。

或许是因为它会让人联想到半途而废、对该做的事置之不理、对轻微违法乱纪的行为视若无睹、做事有始无终……让人觉得缺乏责任感吧。

人们对于"放下"的感觉,我说得应该八九不离十吧。如果真如上面所言,那么"放下"的确不是什么好事。

不过,这世上有很多事放下会更好。尤其是身处现在这样一个时代,我们接收的信息过多,社交网络的发达使得人际关系变得错综复杂,而面面俱到地应对这些问题是十分困难的。

所以此时,"不被情绪支配,学会放下"就显得十分必要。这几乎已经可以说是一种"生存能力"或"生存技术"了。

因此,现在我们要清楚地区分"该放下的事"和"不该放下的事",好好地生活下去。

02

不过度关心，给彼此一些空间

——人际关系中所必需的能力

有些事根本不配占有你的情绪

"关心"和"多事"是不同的

假设有一个人正烦恼不堪，你会怎么做呢？我认为有两种做法。

一种是，说点什么，让对方振作精神。

而另一种则是，什么也不说，什么也不做，让对方一个人静一静。

这种情况下到底该怎么做，并没有标准答案。不过大多数情况下，我会认为前者是"多事"，后者是"关心"。

从某种程度上讲，人们在烦恼的时候，需要有独自面对烦恼的时间。如果此时，还让对方"做做这个，做做那个"，鼓励对方"要振作呀"，或是邀请对方"去喝一杯散散心"，对方完全没有那个心情吧？只会觉得为难和麻烦。

如果那个身处烦恼当中的人是你，又会怎样呢？是不是也不想有人"多事"，而是希望自己一个人先静静呢？

03

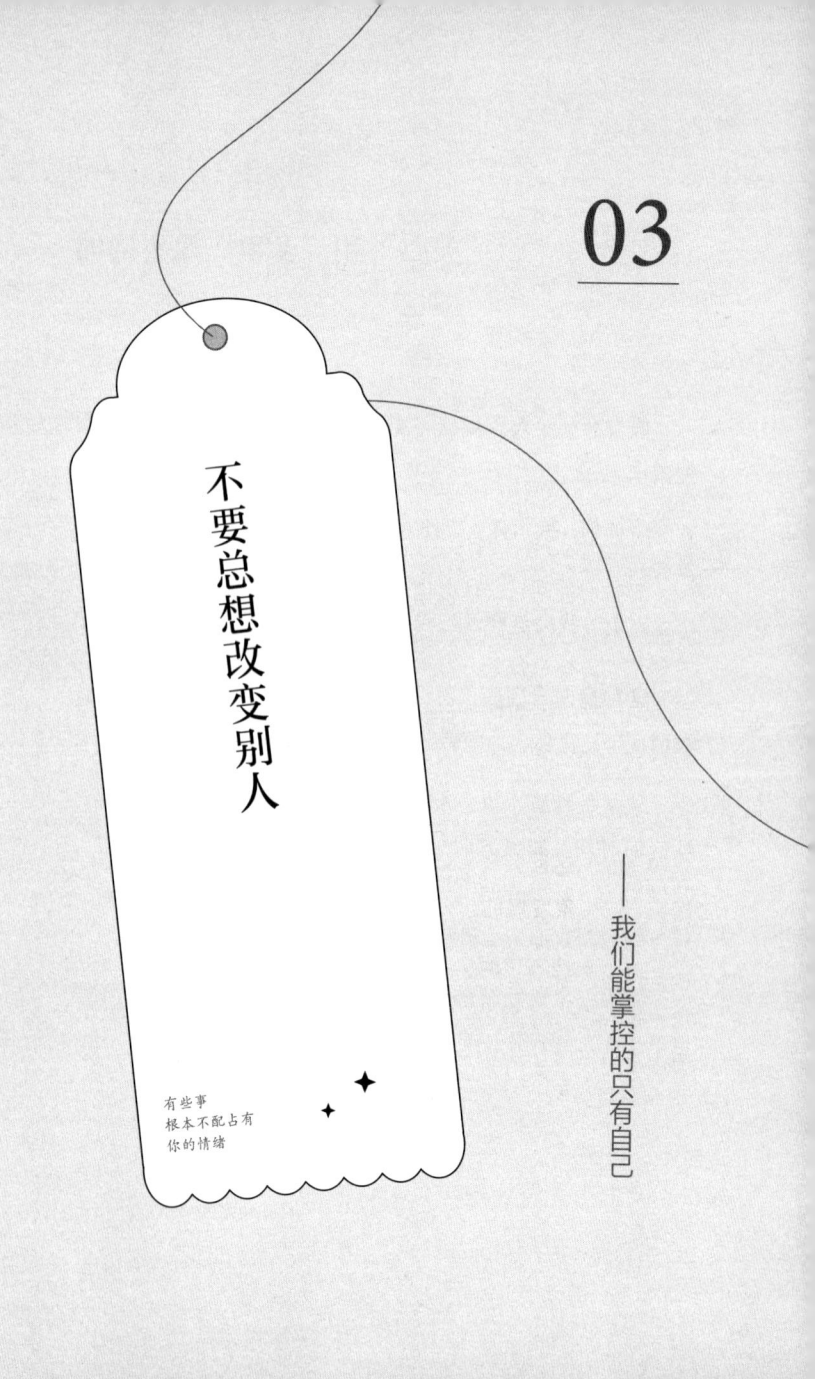

不要总想改变别人

——我们能掌控的只有自己

有些事
根本不配占有
你的情绪

首先改变自己

偶尔,有些太太会向我倾诉一些说不上是烦恼还是抱怨的话:"我老公,东西拿出来后从不放回原处,袜子脱下来就那么放着,什么也不收拾。不管我怎么说,结婚这十年,还是一点没改。"

这时,我会这样回答:"我真是佩服您这十年来能如此执着地抱怨,但是您想改变丈夫这件事本身就不太可能。反正都得自己做,不如坦然地接受丈夫是个不懂整理的人,这样心情会更轻松哦!"

如果连这些细枝末节的事都不放过,只会让自己活得越来越辛苦。这世上很多事都不会按照我们想的那样发展。能按照自己想象发展的也许只有自己。

对于掌控不了的那些别人的事,就试着放下,不要让它过多占有你的情绪,然后集中精力去思考如何改变自己。只有改变自己,对方的态度才会变化。

04

—— 三四成就足够了

别人能懂自己一半
已是极好

有些事
根本不配占有
你的情绪

别总想着让别人理解自己

最近,"希望别人完全了解自己"的人陡然多了起来。而通过社交平台事无巨细地发布自己在做的事,正是其中一种表现。

另外,和许多未曾谋面的人在社交软件上交往,彼此汇报动向,也是上述心态的体现。通过24小时不间断地通信,可以看出他们在不断地传达"无论何时、无论何地都要关心我、理解我"的信息。

我并不是要给人们这种迫切的心情泼冷水,能够完完全全理解自己的人,无论在哪儿都是不存在的。同样,我们能够完全理解的朋友,也几乎不可能存在。

事实上,能有几个理解自己一半想法的朋友,就已经十分不错了。别说一半,三四成就已经足够了。想要和不确定的多数人有深入密切的交往,想让别人都理解自己,这个想法本身就是"妄想"。

05

就算是家人,彼此也是不同的人

——『我们理应互相理解』的想法会导致关系不和

有些事根本不配占有你的情绪

重要的是尊重彼此的生活方式，对人对事不情绪化

人们常说"血浓于水"，确实，靠血缘联系的家人关系，要比和外人的关系更加牢靠。

但是，这和"因为是家人，所以什么都不说大家也能互相理解"是两回事。就算是家人，每个人的性格、爱好、价值观也不尽相同，所以相互之间 100% 理解是不可能的。而且越想理解，越会勉强彼此，做事越会带有情绪，反而导致不和。

在家庭关系当中，重要的是要明白"就算是家人，彼此也是不同的人"。在此基础上，还要尊重彼此的生活方式。不要把自己的想法强加于人，要尊重并接受对方的意见，用温暖的目光守护对方。

相反，家庭关系中最不可取的，是当家人做出了自己无法理解的行为时，就情绪化地发脾气，不分青红皂白地否定他。如果彼此都以"我们是家人，理应互相理解"为前提，就会出现这种情况。提出建议是好的，但是千万不要忘记"就算是家人，彼此也是不同的人"。

06

不要让理解不了的事占有你的情绪

有些事
根本不配占有
你的情绪

——夫妻和睦的首要秘诀

如果怎样都无法相互理解，那么保持现状就好

近年来，"中老年离婚"成了流行词，从中可以看出似乎彼此陪伴多年的夫妻也未必很理解对方。

前一章节也提到，就算是夫妻，不能充分相互理解也很正常。能互相理解一半就已经极好了。

结婚前的二三十年，夫妻二人都各自过着截然不同的生活。如果是同乡，或是家庭环境相似、有共同爱好的话，理解对方还比较容易，而共同之处很少的夫妻要增进理解就格外困难了。

怎么做才能或多或少地增进理解呢？那就要磨合彼此的喜好、价值观以及兴趣，找到双方可以分享的东西，并且重视彼此的分享。

这时，若是有无论如何也理解不了的部分，也不必勉强，暂时先放下，不要让它过多占有你的情绪就好了。我认为避免中老年离婚的关键，并非要提高到相互理解的程度，而是要尽可能地增加可以分享的事物。

07

职场上『不讲个人情感』

——不要过度干涉对方,
也不要投入过多个人情绪

有些事
根本不配占有
你的情绪

职场上的人际交往就止步于职场

过去的职场上，人际关系一度很密切。

比如，在日本，盂兰盆节、年初年尾有礼节性地来往，运动会或慰劳旅行等活动，以及私下的喝酒聚会……

而现在的年轻人，多对这种麻烦的人际交往感到窒息，想逃离这种关系。当然，这种密切的交际也并不都是不好的。因为大家成了"同甘共苦的伙伴"后，团队的凝聚力也会得以提升。

不过，若是把"职场上不要涉及个人私生活，不要带有过多的个人情感"作为基本原则，人际关系会更融洽。

尤其是当下社会，千万牢记，私生活的话题，一定要让别人自己说出来。自己刨根问底地打听，是不合规矩的。

08

不孤立他人，也不强行融入集体

——心平气和地与人交往

有些事
根本不配占有
你的情绪

理想的人际关系是这样的

最可怕的人际关系就是被他人孤立,所以人们才会寻找同伴、想要融入群体,一旦得不到就会情绪化。

可是,进入群体之后,人们又有在伙伴中找出敌人,并试图消灭对方的倾向。

但其实,绝大多数的人际关系中,本来就没有敌友之分。既有立场相同时的团结一心,也有立场不同时非敌对性的切磋。我认为,具有这种相关性的关系就是理想的人际关系。

尤其需要注意的是,不要把和自己持有不同意见、想法的人视作敌人。因为在认为对方是敌人的瞬间,自身的平衡感就失灵了,情绪就失控了。比如,如果敌人成功了,你不会由衷地感到高兴,而是心生忌妒或阻挠对方;而敌人失败了,窃喜对方"活该",就会变成心胸狭隘的人。

假如把他们视作平等的对手,一瞬间就不再有敌友之分,反而会建立起通过切磋促进彼此共同成长的良性关系。

09

不再察言观色

—— 过分迎合是自卑的表现

有些事
根本不配占有
你的情绪

总是畏首畏尾的人不值得信任

"做这件事会被骂吗?"

"这么说别人会不会不高兴?"

谁都不愿意让别人不高兴,所以经常站在对方的角度思考和行动是很重要的。

但是,如果不是真正地换位思考,而仅仅是害怕自己收到负面评价的话,还是不那么做为好。因为对每个人都察言观色的背后,是你渴望迎合对方的自卑感。

而且,察言观色的对象形形色色,如何接触、怎样应对每个人,其方式也各不相同。假如有十个人,为了让十个人都满意,那就需要十个不同的自己,不是吗?

如果那样做,就会心力交瘁,迷失其中,不明白到底哪个才是真实的自己,甚至还会导致对方不信任自己。做自己,面对任何人都固守本心,才是构建真正信赖关系的关键。

10

放轻松,默默关注就好

——对孩子、下属都不要过分干涉

有些事根本不配占有你的情绪

您的心情我理解,但请放轻松

有些家长对孩子的所作所为看不顺眼,就会唠唠叨叨地提醒孩子;同样,有些领导,若是觉得下属的行为十分危险、让他们看不下去了,也会喋喋不休地发号施令。

或许这些都是出于盼望对方成长的"父母心",但是这样下去,不论孩子还是下属,都不会养成独立思考和独立行动的能力。

您的心情我理解,但是,这时候请放轻松,不要太焦虑着急了。别再出言干涉,默默关注就好。越是这么做,孩子和下属才会有所成长和进步。

当然,如果担心他们"照这样下去,恐怕会误入歧途,很危险",可以及时给予引导。但要用提建议的方式,比如"你好像偏离正确方向了哦"。另外,若是对方来找自己商量,也要用"如果是我的话,我会这么做"这种句式给出建议,然后继续默默关注。

不论是对干预方,还是被干预方,"过分干涉"都是一种压力。所以,各位长辈或领导,就让我们默默关注吧。

11

不焦虑,充实地度过独处时间

—— 不因寂寞而结交朋友

有些事
根本不配占有
你的情绪

独处，会酝酿出更好的生活方式

进入智能手机时代后，人们应对孤独的能力似乎变弱了。或许是因为习惯了手机聊天的你来我往，仿佛身边总是有人陪自己说话。人们好像渐渐变得无法忍受独处时的寂寞和无所事事的闲暇了。

这是非常可惜的。因为独处时间是宝贵的，我们可以一个人静静地思考过去和将来，可以反省自己的行为，还可以分析某种社会现象与自身的联系……然而，只要身边还有其他人，我们就无法拥有这种独处时刻。

自古以来，日本人就把一个人在丰富多彩的大自然中静静独处，视作无上的奢侈。平安时代末期至镰仓时代初期的歌人西行法师，他的生活方式就是其中的代表。

我们也要有意识地创造这种可以审视自身的独处时刻。这些奢侈的时间，会酝酿出更好的生活方式。

12

做不到就是做不到

——拥有拒绝的能力

有些事
根本不配占有
你的情绪

别当老好人

如果有人因为工作太多而焦头烂额，那么不论是先入职的前辈还是后入职的后辈，都会对他伸出援助之手。大家都是同事，互相帮助很正常。不过，如果你自己也忙得不可开交，就不必帮助别人了。如果在搞清楚自己的工作量和任务的截止日期后，判断自己能够完成，也是可以为别人提供适当帮助的。

基于判断，觉得自己爱莫能助、能直接拒绝对方的人还算是好的，但可惜的是，无论哪家公司都有一些不擅长拒绝的人。这种人甚至会牺牲自己的工作，去成全别人的工作。

而最麻烦的是，他们身边的人也会觉得"无论拜托他什么事都绝对不会被拒绝"。还有一些厚颜无耻的人会趁机占便宜，而不懂拒绝的人则会被别人的那些堆积如山的工作所折磨，被大家当成老好人。

有这种情况的人，请赶快放弃"拒绝就会被人讨厌"的执念吧。而且，如果别人拜托的工作和自己的工作都做得马马虎虎，就更得不偿失了。所以，自己做不到的事，坦白地说"我做不到"就好。

13

随缘，不为失去的而懊恼

——如此一来，人生万事如意

有些事
根本不配占有
你的情绪

心灵减负的思考、生活方式

在人际关系中，常常会提到"缘分"一词，不论是工作还是日常琐事，皆靠缘分。按照缘分的指引去行动，人生就会一帆风顺。

相反，如果与人交往或者某件事情进展不顺，那就是没有缘分。比如，没能考上的学校，没能就职的公司，没能签成的项目，中途夭折的工作，时间排不开而不得不拒绝的工作安排，以及没能建立起亲密关系的那个人……

上面提到的这些都仅仅是因为没有缘分。这样一想是不是感觉心情舒畅了？心里是不是轻松了？

而如果违背缘分，强行推进事情的话，势必也不会顺利。比如，有机会获得一份收入可观的工作，但可惜手上已经有一份工作了，那就要专注于眼前的工作，拒绝另一份工作。计较得失收益会出错，而"随缘"才是正确的做法。随缘而为，你的人生也会因此万事如意。

14

不患得患失,
不执着于计较得失

有些事
根本不配占有
你的情绪

——过于计较反而会事与愿违

致爱用"二元论"思考的人

是好是坏？是喜欢还是讨厌？是有趣还是无聊？是简单还是困难？会受到称赞吗？……人们判断做还是不做某事时，往往容易采取"二元论"方式去思考问题。

尤其在工作方面，正式投入工作之前，会下意识地计算得失：这个工作会提高人们对我的评价吗？会对我的未来有帮助吗？

但是当我们计较得失的时候，事与愿违往往是常态。比如，就算你觉得"这个工作太简单、微不足道，做得好也不会受到好评，做了就亏了"，实际上这个工作通往巨大机会的可能性也并非为零。

相反，"这个很合适，如果做得好，说不定还会升职加薪"的想法也未必会顺利实现，很多时候就算是一个不错的工作，也很有可能一波三折，进展艰难。

重要的是，不管接到什么样的工作，只要肯下功夫，独具个人特色地努力完成，你的付出一定会得到称赞，也一定会带来好的结果。

15

不要让社交网络左右你的情绪

——网络上充斥着无意义的争执

有些事
根本不配占有
你的情绪

别忘记那终究只是个工具

如今的时代，连国家总统或首相也会常常使用推特等社交平台。上至国家大事，下至琐碎的生活日常，他们都会在社交网络上发布。当然，作为一个能自由发表言论的平台，我认为社交网络这一工具极其便利。

但是，说句大家不爱听的，其实许多人都没能合理利用这个便利的工具，反而被它左右。因为看不到彼此的脸，人们不会认真斟酌自己的发言，只要受到别人的言辞攻击后就会还击，还击后又会受到对方攻击，像这样的争执恐怕会愈演愈烈，而这也是被社交网络支配的最危险后果。所以，与这些毫无意义的争执保持适当的距离，情绪不被它左右，不随便参与其中，就显得格外重要。

另外，在发布的各种信息中，也混杂着一些不怀好意而刻意捏造的虚假信息。这些无稽之谈会肆无忌惮地诽谤和中伤一些特定人群，也会助长社会不良风气。作为信息的接收者，我们有必要具备辨别虚假信息的眼力。要清楚地认识到社交网络终究只是沟通交流的工具，才能很好地为我们所用。

16

不要让炫耀、虚荣占有你的情绪

——停止自吹自擂吧

有些事根本不配占有你的情绪

无意识地自视高人一等的人

在人们的对话中，炫耀自己的内容占据了相当多的部分。

人本来就爱炫耀，这也是一种"想得到身边人称赞"的心理表现。

这种自我吹嘘的毛病形成习惯后，人就会变得莫名自信，还可能会认为自己比身边的人都优秀。

如今，社交网络的介入，对这场"炫耀比赛"起到了推波助澜的作用，那些无意识地自视高人一等的人好像变得越来越多了。

这可不是什么好倾向。自视高人一等的人，喜欢用高压态度对人，骄傲自大，所以很容易得罪身边的人。

因此，首先要停止"炫耀比赛"，然后多留意自己是否在不经意间又自视高人一等了。如果感到有些不妙，就提醒自己"谦虚，谦虚，再谦虚"吧。

17

扩大『好心情之圈』

—— 更巧妙地夸赞别人

有些事
根本不配占有
你的情绪

简单有效的"夸奖点"

没有人会反感别人夸奖自己。无论是多么讨厌的人,以夸奖和赞美作为对话的切入点,彼此之间也有可能建立起意想不到的良好关系,因为你们之间搭建起了类似于"好心情之圈"的网络。

话虽如此,到底该夸些什么比较好呢?这个问题还是有些难度的。如果夸奖得不恰当,别人会觉得"是这样吗?"因而感到扫兴。另外,太过直白的奉承也会给别人带来不好的印象。如果是不熟悉的人,想找到合适的"夸奖点"就更难了。

最简单有效的是,夸奖衣服或者随身物品等显而易见的"外表",比如:

"您的领带真有品位,很适合您,请问是在哪儿买的?"

"我也非常喜欢这种花纹的套装,正灰色还真的很好看啊!"

"您的鞋子总是闪闪发亮,正所谓'鞋子能增加男人的魅力'啊!"

注意不要单纯地谄媚或奉承,要找到自然合理的夸奖点,不动声色地赞美别人。只要不太离谱,夸奖一定会成为人与人之间的润滑剂,助力我们的人际关系。

18

不予理会，不动感情

有些事
根本不配占有
你的情绪

——和讨厌的人和谐相处的诀窍

对待讨厌的人，
眼不见为净也不失为一种办法

没有人会愿意在私下里和讨厌的人相处吧。我们完全可以通过不接触来应对他们。

棘手的是工作上的往来。不能因为讨厌他，就不和他打交道。不过，心里若是想着"这个人很讨厌，真不想和他打交道"，这种心理也会表现在言行举止上，从而使工作难以顺利推进。

那么，我们该怎么做呢？这时我们只能心里想清楚，明白自己只要专注于"努力工作，做出结果"就好。

另外，和讨厌的人和平相处，也有一些诀窍。越是讨厌一个人就越会注意他那些不顺眼的地方，所以要眼不见为净，耳不听为清。当对方做出让我们讨厌的言行时，"啊，又来了"，像这样淡然处之，不予理会就好。如果可以的话，还可以转换话题或者离开座位等，方法有很多。总而言之，就是不予理会，也不动感情，始终与对方保持仅限于工作上的交往，人际关系上就会轻松很多。

19

去者勿追，
不要沉湎于逝去的痛苦中

有些事
根本不配占有
你的情绪

—— 淡然地目送对方就好

人与人的相遇要托付给自然而然的机缘

曾经共事的同事,从公司辞职了。

一起在严酷训练中坚持的队友,也离开了队伍。

原来三天两头一起喝酒的朋友,由于工作调动去了远方。

无论什么原因,和好友无法再拥有亲密时刻,都令人感到寂寞,还有可能会恋恋不舍,甚至想要追随对方远去的身影。

然而,俗语有云:"去者勿追",教导我们不要沉湎于离别的痛苦和孤单之中,而是应该淡然地目送对方。其实说到底,往来断绝,不过是因为曾经的缘分已尽。有时可能会再续前缘,有时也可能会遇到难以斩断的"孽缘"。

和"去者勿追"同等重要的是"来者不拒"。对方和自己产生交集的那一刻,便是重要的缘分。缘分不是人为可以控制的。说起来,这都是自然而然的机缘,所以不要考虑太多,做到"去者勿追,来者不拒"就好。

20

—— 尽快奔赴下一个舞台

不留恋曾经的荣耀

有些事
根本不配占有
你的情绪

于最高处开始新的挑战

无论是怎样的上坡,都会有尽头。

人生和工作亦是如此。

就算当下一切都很顺利,也不可能永远都按照这个势头发展下去。一定会在某个时间点开始转向下坡路。

尤其在工作当中,你需要自己看清那个开始下坡的地方,如果不下定决心引退,你的力量会不断地衰退,不久后便只能靠依附曾经的荣耀生活了。

为了避免这种情况发生,就把达成目标、看到自己成功的时刻,视作"成功的临界点"吧。

我觉得还是干脆放弃内心"或许还能再努力一点"的留恋,尽快引退,去寻找新的挑战课题为好。

要记住,任何事情都是如此,势头最好之时,正是引退之机,也是奔赴下一个舞台的时机。

21

远离消极的人

—— 附和也会有风险

有些事
根本不配占有
你的情绪

与散发消极情绪的人保持距离

有不少人都不具备自我消化消极情感的能力,反而还会连累身边的人。

比如,不分场合大喊大叫,把周围的人都惹得不愉快。

对遇到的每个人都冷眼相对,让别人心里不痛快。

对所有人发牢骚,让别人为难。

满口否定性言辞,打击大家的积极性。

遇到这种情况,最好不要靠近这些消极情绪的源头。"每句都认真对待真是太麻烦了,就随便附和他两句吧",有的人会采用这种应对方式,虽然默默远离什么都不说和随便附和,两者的结果是一样的,但还是什么都不说比较好。因为一旦你点头附和,对方就会将你视为同伴,最终把你拉进更难以脱身的旋涡之中。

一旦有人在散发消极情绪,你要尽早察觉,并与他们保持距离。找个借口说"我要去下厕所",也不失为一种快速逃离的方法。

CHAPTER 2

有些事，根本不配占有你的情绪

——告别不安、焦虑、愤怒的方法

想不明白的事，就不要再想了

学会遗忘

不是别人的期待，你都要满足

摘下好人面具

……

22

想不明白的事，就不要再想了

——未发生的事不必提前担心

有些事
根本不配占有
你的情绪

与其担忧未来,不如活在当下

人们心生不安的根源在于,想要弄明白那些绞尽脑汁也难以弄清楚的事。其中最典型的就是对未来隐约感到不安。

"未来"从某种程度上来说或许可以预测,但谁也不知道现实中是否真的会按照预测的那样发展。"概率无限接近 100% 会发生的事"却没有发生,而"120% 不可能的事"却发生了。无论收集多少数据、花费多少时间进行周密的计划,终究是"占卜问卦,灵也不灵"。

当然,如果自己担忧的事未来很有可能发生,那么现在确实应该尽可能地采取相应措施。不过,如果不知道以后会发生什么,对未来杞人忧天,是没有任何意义的,不如将所有的时间和精力全部投入到眼前的事情中。如果能够努力专注于当下力所能及的事,或许还有机会改变内心隐约担忧的未来。

对于不知会发生什么事的未来,即使现在担忧也无济于事,当问题真正发生的时候,我们全力去解决就好。

23

学会遗忘,不要让不愉快的事占有你的情绪

有些事
根本不配占有
你的情绪

——这样有利于心理健康

你是否在累积心理垃圾?

有这样一种说法,遗忘是人类的自我防卫本能。的确,如果每天都把发生的不愉快一一记在心里,人的精神是会崩溃的。

俗话说:"好了伤疤忘了疼。"人就是这样,不论遇到什么不愉快的事,随着时间的推移,都会慢慢忘记当时的不愉快。

不过,忘记一些琐碎的事情还好,我不赞成大家把对自己不利的事,以及对于未来而言极其宝贵的失败经历也都忘得一干二净。我认为人要有个"记忆的抽屉",记住重要的事,不随便忘记,平日把它们放进抽屉里,需要时再拿出来。

如果你有想忘记却忘不掉的事,那么就请先尽情体会当时那种不愉快的心情,然后下定决心,把这件事封进记忆的抽屉,再果断地全然忘记。

想要忘记的事,累积起来会成为心理垃圾,而把它们分类放进记忆抽屉,就会成为我们成长进步的资本。让我们好好地分类吧!

24

不是别人的期待，你都要满足

—— 与之保持一定的距离

有些事
根本不配占有
你的情绪

踏踏实实地做好分内之事

领导对你说"期待你的表现哦",你可能会觉得"我必须要努力"。

能这样想很好。但是,回应期待一旦变成了自我强迫的,那么身心都会受到束缚,也就失去了自由。

如此一来,别说回应期待了,焦虑反而会抢先一步占据内心,你会因为做不出成果而苦恼。其实,他人对你的期待,你未必一定要去达成,因此请不要折磨自己。

要更轻松地回应别人的期待。本来,对你有所期待这件事,就是领导的"一相情愿"。你只要踏踏实实做好眼前的事就可以了。

如果你努力的结果正好满足了领导的期待,那自然是皆大欢喜;如果没有,那就下次再加把劲儿。像这样,我们要与别人的期待保持一定的距离。给予期待的他人和被赋予期待的自己,二者之间的距离越大,你所背负的期待包袱也就越小。

25

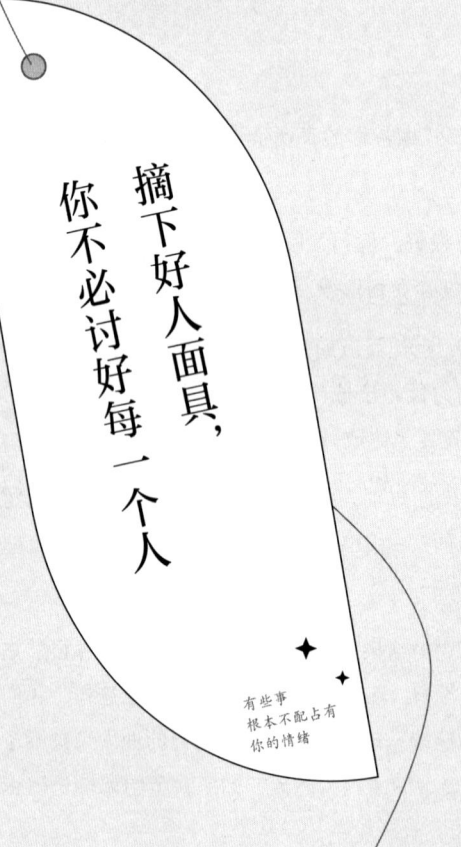

摘下好人面具,你不必讨好每一个人

—— 在迷失真实的自己之前

有些事
根本不配占有
你的情绪

一直戴着面具会迷失自己

戴上面具后,很显然,人们就完全看不见面具后面的脸和表情是怎样的。

举一个极端的例子。一个穷凶极恶的人正凶神恶煞地瞪着你,可如果他的面具是一张笑脸,说话的语调也很平稳,那么他看起来就是一个温和的好人。在隐藏本性这一点上,面具可以说是非常便利的东西。

现实生活中,即使不戴面具,为了隐藏自己的真实面目或真实想法,也可以通过虚假的表情或言行进行伪装,这也可以说是一张面具吧。

谁都希望身边的人觉得自己是个好人,所以不知不觉间就戴上了好人面具。大家都可以理解这种心理。但是一直戴着面具,就连自己也会迷失,不知道真实的自己该如何思考、如何行动。

现在,人们不必真正面对面,就能通过社交网络全天候地和别人聊天,或许正因为如此,感觉自己几乎一整天都戴着手机面具的人越来越多了。这是非常危险的。因为那样过的是戴着假面具的生活,而不是做真正的自己。

26

不要让『比较心』占有你的情绪

—— 比较是最没有意义的

有些事
根本不配占有
你的情绪

如果还是想要比较的话，请和自己比

和别人比较的时候，发现自己不如别人，就会非常受挫；而发现别人不如自己，就会沾沾自喜。人，都有这样的心理。

大家都希望自己优于平均水平，如果比平均水平差就会心生不安；而优于平均水平则会感到些许安心。

不管怎么说，与平均水平比较都是无意义的。既然没有能正确评判每个人价值的标准，那么即便进行各种比较，也终究无法评判出优劣来。

退一步讲，如果想进行比较的话，就请和"处于最佳状态时的自己"比较。这样的比较，会是你今后成长进步的动力。

如果现在的自己不如最佳状态时期的自己，就要更加努力；而如果超过了最佳状态时的水平，那就要以此为新的起点继续努力。如此，就能形成一个良性的循环。

27

不要让世俗眼光占有你的情绪

—— 别被统计数据蒙蔽了双眼

有些事
根本不配占有
你的情绪

生活方式不存在平均水平

我们接着讲前面提到的"平均水平"。或许是因为很多人都想知道一些平均值，媒体一连几天公布了各种各样的统计数据：有平均年收入、平均结婚年龄、平均购房年龄，还有不同年龄的平均存款数、年老后想要达到生活富足水平所需的平均资金数……

但是平均值，终究也只是一个数值，不能将其视作自己理想生活水平的标准。同样，把"让自己看起来优于平均水平"当作人生的目标，也是不可取的。这些平均值都过于空洞且无意义。

"我是这种生活方式，也不知道这是不是平均值，我也并不想参照平均水平去生活"，如果能像这样不关心世俗，遵循自己的价值观去生活，就能拥有更加自由、愉快的人生。因为生活方式本来就没有所谓的平均值，而统计数据则有煽动、引导人们思考方式和消费行为的一面，请大家不要被统计套路蒙蔽了双眼。

28

不再比较：人与人之间没有优劣，只有不同

——如此，不再自卑和自负

有些事根本不配占有你的情绪

尊重、欣赏彼此的个性也是一种智慧

你是不是从小就有与他人比较的习惯?

大家自懂事以来,就一直在和身边的孩子比考试分数高低、谁跑得快、谁的手更巧。

前面我呼吁过大家不要再和别人比较了,但还是有人表示,等察觉的时候,自己已经在和别人比较了。

当这种不由自主的思考占据主导时,请大家在比较过后,对自己说:

"我们之间没有什么优劣之分,只是不同。那个人的那一点和我完全不同,真是有趣。"

这样一来,你就会发现自己身上也有别人没有的东西,你会觉得很有趣,也会意识到"正因为大家个性不同,所以发挥个性才那么重要"。

如果达到了这种状态,就不会再因为评判优劣而感到自卑或自负了。欣赏不同也是改善人际关系的一种智慧。

29

不要让『对别人的期待』占有你的情绪

有些事
根本不配占有
你的情绪

——这点小事要冷静看待

面对"背叛",大度一些

被背叛这件事,大体上分为两种模式。

第一种是约定被破坏。比如,"我一再强调截止日期,对方还是什么都不做,不像话!"或是"明明约好了下次聚会一定参加,结果又放我鸽子"。这些都是相信对方会遵守约定,而自己却遭到背叛的例子。

第二种是自己对对方抱有过高的期待,结果却未能如愿,这种情况或许更能产生强烈的被背叛的感觉。

无论是哪一种,我们感到被背叛,都是自己的问题。如果以"背叛者"的立场看待前面的例子,对方也只会觉得"虽然约好了,但是完不成也没办法啊",或者觉得"擅自被你寄予了期待,可是我做不到的事就是做不到啊"。很多时候对方并没有"我背叛了你"的意识。

这时候,不如让自己大度一些。认为"约定被破坏是在所难免的""期待落空也是在所难免的",抱有这种心态,就不会失望怨恨了。

30

——一句话让你变轻松

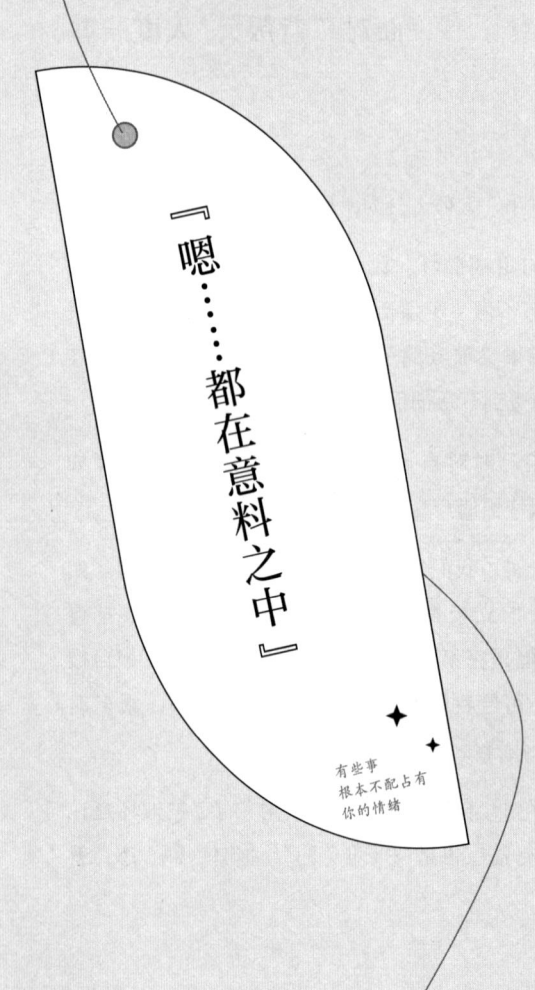

『嗯……都在意料之中』

有些事
根本不配占有
你的情绪

发生意料之外的事,人生才有趣

只要活着就会有各种各样的事情发生,而且很多是些意料之外的事。

不过,就算一开始是意外,一旦经历过一次,也会成为自己的经验,觉得"嗯……都在意料之中",因此内心也能从容地接受。

老话说:"年纪越大,人越圆滑。"正是因为积累了无数经验,所以无论发生什么,都会觉得"嗯……都在意料之中",能够理解、接受的事情也就越来越多。

人生在世,本来就像是参与一场没有剧本的演出。正是因为接连不断地发生意料之外的事,我们才能享受自由演绎、即兴发挥的乐趣,不是吗?

所以,如果发生了意料之外的事,就请先小声对自己说一句:

"嗯……都在意料之中"——一下子就会让你的内心变得更轻松。

31

放平心态,做真实的自己

——耍小花招反而会落人笑柄

有些事
根本不配占有
你的情绪

正视真实的自己

社交网络的世界里,大家对摆拍已经见怪不怪了。把自己的照片美化到看不出本来的样子,也早已不是什么稀罕事。现实生活里,朋友之间也会把摆拍作为一种消遣方式。

这本无伤大雅。问题在于潜意识中人们"想展示自己更好的一面,想让别人觉得自己好"的心态在作祟,使人在发布信息时修饰自己,或者在照片、视频中耍一些"骗人"的小花招。

这个问题的严重性在于,只要大家还继续摆拍,真实的自己就永远不会有所成长。也就是说,即使图片美化得再好,一个人的内在也不会有任何改变。从某种意义上讲,这是很可怕的事情。

所以,大家不要再在这种事情上浪费精力了。为了不被周围人嘲笑而做的事,相反,很可能会被大家认为"那个家伙为了摆拍真是下足了功夫",落人笑柄。因此,与其摆拍,不如专注提高自己的内在,这才是真正意义上的自我美化。

32

无须和别人比，和『昨天的自己』比较就好

—— 改变自我评价的主体

有些事
根本不配占有
你的情绪

不再将别人的看法作为自己的行为标准

摆拍的人们还有另一种心理。他们在美化自己的时候,是以别人的看法为评判标准的。也就是说,他们不关心自己是如何看待事物的,而是以"别人会如何看待我"为行为准则。

也有这样一种现象:当人们分享一些被人羡慕或者自己认为值得炫耀的东西时,就会收到铺天盖地的"点赞"。这会让人心情愉悦,可实际上通过扭曲事实来展现自己是毫无意义的。而且当分享的内容与现实差距越来越大、越来越明显时,很快就会走投无路,陷入困境,情绪也变得消极低沉。

我们就是我们自己,不用和别人比较。我们应该着眼于做最真实的自己,把这个最真实的自己展现给别人。

从今天开始,就把自我评价的标准,从别人的看法变成昨天的自己吧。"我今天做到了昨天没有做到的事",在每次的自我超越中发现惊喜,如此,真实的自己也会慢慢地得到磨炼。

33

帮助了别人要当场忘掉

—— 施恩图报会埋没好意

有些事
根本不配占有
你的情绪

谋求回报，往往会收获不愉快

我常说，"帮助别人时，不建议大家摆出一副有恩于人的态度"。有句话同样值得我们记在心间，叫作"受恩要铭记，施恩付流水"。

你给别人主动提供热情帮助或者照顾，应该不谋求任何回报。一旦谋求回报，那就是在主动制造得不到回报的痛苦了。

比如，"我给他介绍了个好工作，可他却连一句感谢的话都没有，真讨厌"，或者"自己有麻烦了就哭着来求我，我这边有麻烦时，他却假装不知道，真是太过分了"。如果想避免这种不愉快，就要当场忘掉自己曾给予过别人帮助。

不过，如果别人热情地帮助或者照顾过自己，不要忘记向对方表达感激之情，然后要在心里发誓，"有机会我一定要报答"，并且切实去做。所谓珍惜人与人之间的缘分，便是如此了。

34

常自省，自己不是世界的中心

—— 意识到「自己又任性了」

有些事
根本不配占有
你的情绪

寻找共赢之道，
人际关系才能好起来

为了国家的利益而奔走是政治家们的工作。世界各国都处于"一损俱损"的风险当中。世界既然建立在彼此关联的基础上，那么理所当然地，国与国之间也将会"一损俱损"。所以，寻求共同发展之路，才是切实可行的和平之路。

这一思想与"折中之道"不谋而合，并且同样适用于个人层面。即使由于立场不同而导致的利害不同，只要互相让步，彼此"痛分"（相扑术语。指一方受伤无法继续比赛时就判为平局的规则），就能找到一个双方都基本满意的解决方法。这就是"折中之道"的内涵所在。

而遗憾的是，近些年"自己第一"的思想泛滥起来。因此，我们在批判他人的自私行径之前，应该先反观自身。如果能意识到"自己又任性了"，那么你的人际关系将会因此持续好转起来。

35

感谢支持自己的人

—— 一个人的力量是有限的

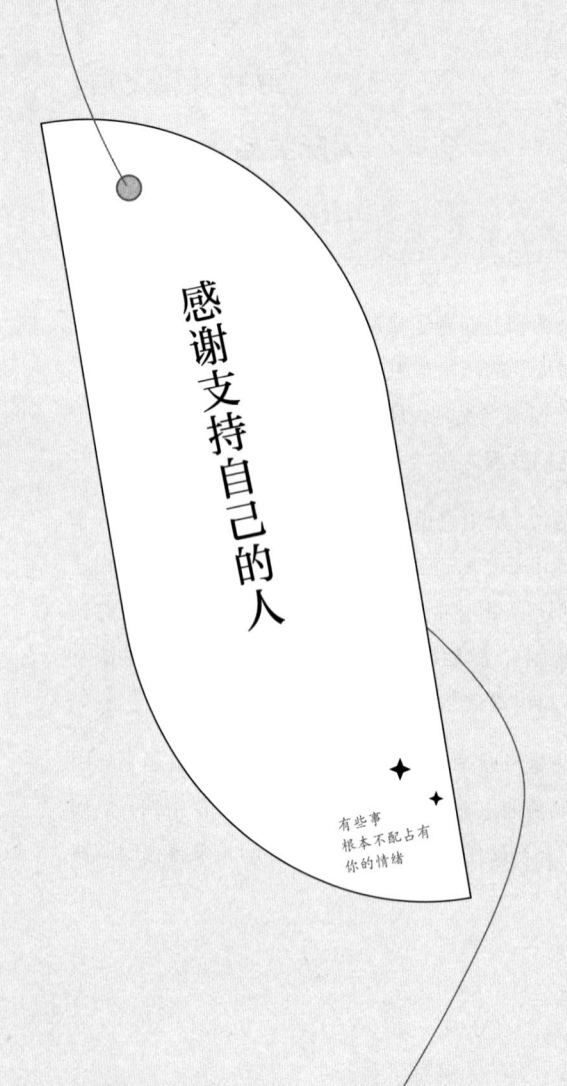

有些事根本不配占有你的情绪

任何工作都有幕后英雄

几乎每个行业都有"一个人做的工作"。例如,销售员可以一个人拜访客户,一个人签订合同。另外,企划书、提案、报告、会议摘要、会议记录、讲解资料等各种文件的书写或制作,单抽出来看似乎都是一个人完成的工作。

而实际上,几乎没有一项工作是一个人就能完成的。任何工作都需要人手准备资料、检查资料以及撰写执行方案,得到许多人员的帮助后才能顺利地完成。

从这个角度上看,"一个人做的工作"是有上限的。尽管如此,依旧常常有人想要强调个人的力量,比如"这个工作是我完成的""这是我努力的成果"。要知道,说这种话是有失体面的。

我们不要忘记,任何工作都离不开身边人给予的帮助或者客户给予的支持。他们就是支持我们完成个人工作的幕后英雄。让我们好好地向他们表达感谢吧。

36

别太在意那些微小的差别

有些事
根本不配占有
你的情绪

——那终究是『不相上下』

以比自己优秀很多的人为目标，努力缩短差距

在领导和下属的关系中，似乎双方的年龄差越小就越合不来。双方不仅是竞争对手，且做领导的觉得"我绝对不能输"，而下属则不想被上司管束。

如果双方的年龄差有10岁或20岁，彼此敌对的程度就会降低。因为上司秉持着"不可能输"的自信从容，部下则会觉得"赢不了对方"而自认逊色。

在工作的知识、技能和职位等方面，可以说都是如此。如果差距很小就会引起双方较大的胜负欲，这是因为我们十分在意彼此之间存在差距这件事情本身。如果差距很大，大到不可能赢，自然就不会在意胜负了。

但原本应该正好相反吧？如果是"毫厘之差"，不正应觉得无所谓吗？都"不相上下"，那么就不必在意。而实际上我们真正应该关心的是"较大的差距"。如果能以此为目标，就可以促使我们不断地努力缩短差距。

37

学会自嘲,心情会更轻松

——重点在于沉淀,吸取经验教训

有些事根本不配占有你的情绪

人生中大多数的事情都可以一笑而过

一般来说，谈起自己的痛苦、煎熬、后悔、悲伤、失败，都会使听者的心情沉重起来，而有些人则很擅长把这些不愉快当成笑话来自嘲。在某种程度上，说话人也能通过自嘲的方式，将当时的烦恼一吐为快，使心情变得更轻松。

只不过，那些给内心带来负面情绪的不愉快发生之后，马上就把它讲成笑话，是十分困难的。而且就算能讲出来，听的人也不会觉得好笑，只会觉得厌恶，"这是想要笑一笑就过去了吗？真是不长记性的家伙啊！"

一笑而过的要点在于，在事情发生的几天之内，要充分吸取其中的经验教训，并使其沉淀。如果能够做到这一点，就如同酿红酒一般，让只是感觉痛苦的事情慢慢酝酿出醇厚的味道。同时，刚刚经历痛苦的实际感觉也会慢慢消失，从而更容易做到自嘲。

如果任何不愉快的事，都能当作笑话一样自嘲一下，烦恼和郁闷就不会堵在心里。人生中的许多事都可以一笑而过。

38

不要『后悔』，而要『检查』

——活用失败经验的最佳方法

有些事
根本不配占有
你的情绪

注重结果,更要关注过程

人的心情变糟,大多与过去的失败有关。

"要是没那么做就好了,要是没那么说就好了。"

"要是没那么判断就好了。"

"要是没选这条路就好了。"

即使心里明白,过去的事已然过去,不能擦除,可后悔的情绪还是会时常涌上心头。这是很常见的。

这时,关键是要把思考的方向由"后悔"转换为"检查"。

"啊,我不小心搞砸了啊,但到底是哪里搞砸了呢?让我来重新检查一下过程吧。"

这样想就可以迅速地把"过去的失败"转化为"避免今后再失败的经验"。

这样做,也能帮助我们以更好的方式记住过去。

39

处理闲置物品,舍弃对自己没用的东西

有些事
根本不配占有
你的情绪

——扔东西,心情也会变得轻松

过多的闲置物品
就像过度增加的甘油三酯

受新冠肺炎疫情的影响,我们"足不出户"的日子持续了很长时间。很多人都利用这个机会处理了家中的闲置物品。

这应该说是"不幸中的幸运"吧,是件非常好的事。

在处理东西的时候可能会感觉"好浪费",但是我们也不能因此停手。因为家里闲置物品积攒得越多,内心就会越沉重。

说起来,闲置物品就像是导致身体不适,在体内过度堆积的甘油三酯。

以衣服为例,可以分为三种情况。第一种是"三年间一次都没穿过的";第二种是"三年里只穿了一两次,但不是特别喜欢的";第三种是"没什么机会穿但非常喜欢的"。前两种衣服,不管有多贵,也不管以后有没有穿的机会,最好都处理掉。像这样,只是处理不穿的衣服,心情也会因此骤然变得轻松起来。

40

—— 闲置物品的处理方法

不是丢弃，而是放手

有些事
根本不配占有
你的情绪

丢弃和放手有着微妙的差异

扔掉太浪费了……

话虽这么说,可是如果不丢掉闲置物品,仅仅是收纳起来的话,和扔掉也没什么区别吧?

从"物品有生命"这一角度来考虑,丢弃也好,整理也罢,两者都没能对物品加以利用。

如果放手又会如何呢?

把物品交到有需要的人手里,物品的"生命"也能得到延续。

因此,如果可以的话,把东西拿到跳蚤市场去卖掉也好,捐出去也好,或者转让给认识的人,我觉得通过放手来"复活"物品的生命是很好的事情。

这样一来,就不会像直接丢弃那样产生负罪感,家里堆积如山的闲置物品也会随之清空,心情因此自然而然地变得轻松愉快,这岂不是一举数得吗?

CHAPTER 3

不要"过度反应"
——减少心灵损耗的练习

别太较真啦

偶尔屏蔽信息

不要轻易动摇

坦诚地说"不知道"

……

41

别太较真啦

——应对「神经大条人士」的方法

有些事
根本不配占有
你的情绪

"这个人到底是什么意思？"

对方这么说是什么意思？

是不是有什么言外之意？

由于人们经常"口是心非"，所以我们会不自觉地思索他们话中蕴含的真意。

通过说话人的神情或语气去思考对方说话的真实意图，是个不错的方法。即使不曾言明，他们的想法也会通过表情或语气流露出来。因此，察言观色是非常必要的。

但这个社会上也有不少人，说话很直白，想到什么就一股脑儿地说出来，也不考虑是否会伤害到别人。我觉得这种人可能就是"神经大条人士"。

对于这些人说的话，没必要太较真。他们会不负责任地说些无心之语，而这些话本来也没什么意义。所以请大家记住：当真了就是在浪费感情。

42

偶尔屏蔽信息，不想看的不看、不想听的不听

——让内心回归平静的重要方法

有些事
根本不配占有
你的情绪

学会"闭目塞听"

看见不想看也不必看的东西。

听见不想听也不必听的声音。

知道不想知道也不必知道的事情。

而且,你会对它们有所反应。

身处信息社会,我们都会遇到这种情况。有人可能认为得到的信息越全面、越多就越好,但是这也要有个度吧?

如果我们接触的信息都是正确的,并且都是有益于工作和人生的,倒也还好,但大部分的信息并非如此。我认为其中不少信息都真假存疑,对我们来说无关紧要,甚至还会搅得我们心神不宁。

因此,对于社会上发布的各种信息,我们没必要全盘接收。

我建议大家认真去思考,偶尔闭上眼睛、捂紧耳朵,屏蔽信息。养成习惯后,你的内心就会渐渐平静。

43

别让无用的信息占有你的精力

—— 对信息也要保持恰当的社交距离

有些事
根本不配占有
你的情绪

主动获取想要知道的信息

当下,信息正以机枪扫射的威势,向无数人身上袭来。稍不留神,人们就有可能不知不觉中被埋没在与自己毫不相关又无关紧要的信息堆里。

受新冠肺炎疫情的影响,人与人之间的社交距离也受到了广泛关注。

那么,现代人是不是也应该考虑一下和信息保持一定的距离呢?

在日常生活中,人们不管必要与否,也不顾轻重缓急、不加筛选地沐浴起了"信息浴",如果毫不自知地对信息来者不拒,就会白白浪费自己最宝贵的时间和精力。

我们要主动去获取想要知道的信息和必要的信息。

所谓信息就是这样,人们是可以与它们保持恰当的社交距离的。

44

不要轻易动摇

有些事
根本不配占有
你的情绪

——听取他人意见时的铁则

为什么会被别人的想法牵着鼻子走?

现实生活中有很多人,并没有征求别人的意见,他就对别人的行为指手画脚。这些人究竟是纯粹出于好心,还是想用自己的想法支配别人?……不管是哪一种,大多数时候他们的话都不需要洗耳恭听。如果对他们的每一句话都认真对待,那么无论你有多少副身躯也是承受不住的。

"原来如此,就按照那个人说的试试看吧。但这个人反对这样做。还有什么方法?……唉,我都不知道该怎么办了。"

这样一来,你的大脑会一片混乱,也无法确定自己该怎样行动。

为了避免出现这种情况,我们在听取别人的意见和想法之前,首先必须明确自己的想法。"我的目的是这样,我要把这个当作首要任务去做",如此,提前在心里制定一个不会动摇的基准。

然后,再怀着感激之心去听取周围人的意见和想法,并把它们暂存在心里。这样,我们就不会被他人的想法所左右,也能以更好的形式去参考别人的意见。

45

坦诚地说『不知道』

—— 被说落伍也无所谓

有些事
根本不配占有
你的情绪

想知道，就请教；
不想知道，就当作耳旁风

信息是如此丰富而又唾手可得，人们也越来越倾向于炫耀自己知道了多少信息。

结果，许多人走上了以掌握大量信息为荣的道路。因为有了社交网络等信息发布平台，如今这种炫耀变得更加肆无忌惮了。

这倒也无妨，问题在于接收信息的一方。无论是社交网络上的你来我往，还是日常生活中的对话，如果对信息能马上做出反应："啊，这个我知道。"这样的话倒还不必担心。如果不能，心里难免会感到不好意思。

如果别人说，"啊？你不知道吗？"，就会有种被时代抛弃、被周围人排挤的感觉。

这种情况下，面对来自各个方向的"这个，你知道吗"的攻击，我们也只能被动躲避。对此，我们不要气馁、不要害羞，就大大方方地承认"我不知道"吧。

如果想知道，就向人请教；如果是不必知道的事，就当作耳旁风。我认为，这就是与信息保持恰当的社交距离。

46

默念三遍『不要焦虑』

——平静内心的简单咒语

有些事
根本不配占有
你的情绪

谁都有生气的时候

谁都有生气的时候。当被侮辱、自尊心受到伤害，或是自己因没做过的事被人冤枉时，大家都想大声说一句："你瞎说什么！"

但冲别人发火，其实解决不了任何问题。与伤害自己的无礼之辈同台争执，是毫无意义的。

下面教大家一个 3 秒钟平息愤怒的方法：请把下面的话像念咒语一样重复三遍。

"谢谢，谢谢，谢谢。"

"不要焦虑，不要焦虑，不要焦虑。"

"再等等，再等等，再等等。"

"没关系，没关系，没关系。"

当然换成其他的话也可以。

这是我从已故的板桥兴宗禅师那里学到的。即使是僧人也有生气的时候，但他们不会任由怒气宣泄，而是掌握了控制愤怒的方法。

47

放下那些无关紧要的工作

—— 有太多事情不必为之

有些事
根本不配占有
你的情绪

为工作减负

新冠肺炎疫情从我们手中夺走了平凡的日常生活。

但疫情也使现代社会中太过习以为常而不曾注意到的浪费现象凸显出来。具体来说，就是使我们意识到自己在无关紧要、不必做的工作上浪费了太多时间和情绪。

举个例子，大家尝试了线上办公后，觉得怎么样呢？

"以前躲不开的会议和少不了的会面，意外地变少了。"

"以前需要当面做的工作，现在可以用线上的方式完成。"

"通勤方式似乎还有调整的余地。"

像这样，我们有了各种各样的发现。一言以蔽之，就是我们能够将那些重要的工作和无关紧要的工作区分开了。

这时，我们何不试着慢慢放手呢？放下那些无关紧要的工作，减少可以大幅降低频率的工作，避免浪费时间、精力和情绪，可以更加专注地做重要的事情。

48

不要让无关的事占有你的情绪

—— 更有目的性地去行动

有些事
根本不配占有
你的情绪

你是否会多管闲事或轻易许诺？

对自己而言什么是最重要的？

以自己的能力能做到什么程度？

如果不清楚这两个问题，就很容易参与各种事情中去。

在工作上，不考虑优先级，只顾埋头于无关紧要的工作。明明自己有分内的工作要做，却去干涉别人的工作，甚至连自己力所不能及的事也轻易答应下来。

在人际关系上，在与自己毫不相干的纠纷上插嘴，使事情变得更加棘手。明明没人拜托自己，却要多管闲事。

一个人有再多的时间，也管不完这些闲事，还会消耗自身的精力。

对于自己来说不重要的事，就是无关紧要的事；自己力所不能及的事，就是无可奈何的事。

明白了这些，我们就能更有目的性地行动了。

49

谨慎发言,不对他人的生活指手画脚

——这是聪明人的态度

有些事
根本不配占有
你的情绪

不懂装懂、一知半解是"口舌祸端"

把从别人那里听来的没有根据的话,在电视上看到的事,或社交网络上的热门内容,轻易地宣之于口,是我很不喜欢的行为。

有些人以干涉他人的形式,大肆宣扬一些不辨真伪的信息,对别人的生活指手画脚。

还有些人只是一知半解,却大肆宣扬自己秉持的理论。

像这类行为应该更加谨慎些为好。一些不负责任的发言,可能会在周围引起混乱。头脑一热,相信了道听途说,不仅会使自己的判断力失灵、情绪失控,也会引发所谓的"口舌祸端"。

特别是插手别人的工作、家庭问题时,如果不是完全正确的信息,或者不是自己熟知的事情,就不要发言,必须保持谨慎的态度,否则后果不堪设想。

语言的威力不容忽视,我们务必要谨慎发言。

这才是聪明人的态度。

50

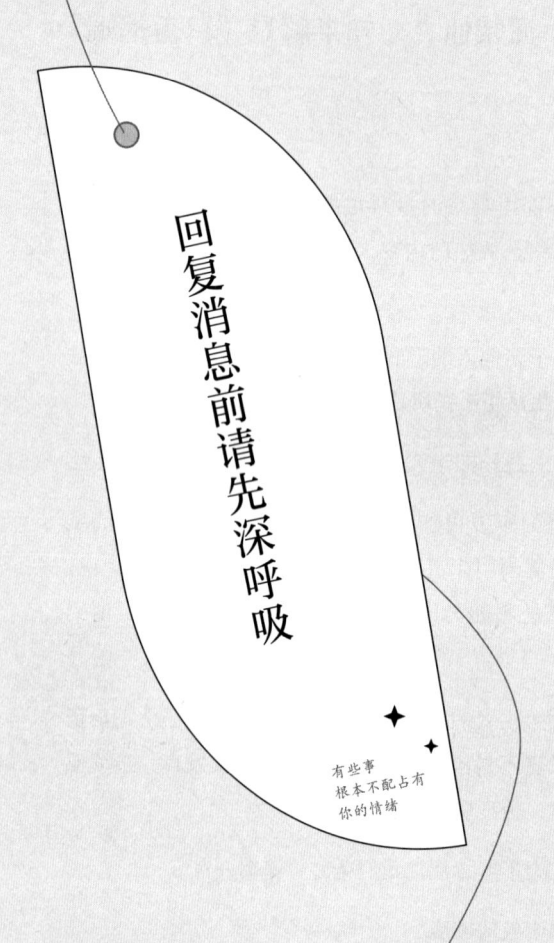

回复消息前请先深呼吸

——「秒回」其实危险重重

有些事
根本不配占有
你的情绪

糟糕的网络骂战是这样发生的

当我们意识到的时候，人们已经在不知不觉间变成以简讯为代表的"书面语"。那种随时随地，有时间就能畅聊的便利性，让我们再也回不到从前了。

这都无妨，大家只管尽情享受其中的便利吧。不过，当我们收到消息的时候，注意不要回复得太快。

如果是令人高兴的消息，可以尽快回复；如果是令人不愉快的消息，就请先做个深呼吸吧。因为，如果我们被不愉快或者愤怒、后悔等消极情绪支配时，常常会不理智地回复对方。当然，收到这种消息的人，肯定也不会有什么好心情。结果就又收到了不愉快的消息，不久就会慢慢地演变成互相辱骂的局面。

话一出口，便覆水难收，因此，深呼吸非常重要。这样，把负面情绪留在腹中，就不会冲上大脑。只要把消极情感扼杀在腹中，就不会生气，也就能避免消极情绪的恶性循环了。

51

放慢速度

——这么着急是要去哪儿?

有些事
根本不配占有
你的情绪

不全是火烧眉毛的急事

以年轻人为中心的手机交流正逐渐演变得聊天化。大爷大叔们可能会感到疑惑:打个电话不就行了?但情况似乎并非如此。发照片或视频比文字更有趣,近年来,这种交流形式也逐渐渗透到了老年人群体中。

在这种形势下,人们越来越追求回复消息的速度,手机也愈发片刻不离手。能彼此愉快地聊天倒也还好,但有时消息的内容也会让人感到郁闷、生气或者烦躁,令人心情难以平静。

有一位我曾经面对面交谈过的精神科医生,他曾说过这样的话:

"有的人没有手机就不踏实,但我觉得,正是因为手机总是在手边,人们才会感到有压力。"

其实不必那么着急地回复消息。如果不是万分紧急的事,放几个小时,甚至放几天也无所谓。请大家试着去放慢回消息的速度吧。

52

痛快地哭过后,
别沉溺于悲伤

——允许自己哭个痛快

有些事
根本不配占有
你的情绪

不要沉溺于情感之中

没有比家人或好友去世更令人悲伤的事了。有的人会一直沉浸在这种悲伤情绪中无法自拔,甚至振作不起来。

这种情况下,有一种思考方式,请大家务必细细品味,那就是"一昧"。

不仅是悲伤的时候,当我们有痛苦、高兴、感动等强烈情感起伏的时候,都应该与这种情感融为一体,纵情沉浸其中。如此一来,在下一个瞬间你就能转换心情,以崭新的面貌迎接新一天的到来。

"一昧"就是这样的思考方式。

如果人没有时间"一昧",那么当下的情感就会残存于心,以后的生活也逃不开这种情感的牵制。所谓"沉溺于悲伤之中",说的就是这个意思。

所以难过的时候,不要觉得在人前哭泣很丢人,哭就哭个痛快、彻底。不久,我们就会拥有站起来的力量。

53

——对于好东西就要坦率地说好

『唉，我可真小气啊』

有些事
根本不配占有
你的情绪

感到忌妒的时候就这样对自己说

人是善妒的生物。这种情感的根源是什么呢？

如果看见自己的恋人或喜欢的人和其他人关系亲密，你会感到忌妒吧？这是我们想要"独占"女朋友或男朋友的强烈欲望所致。

当竞争对手取得骄人的成绩时，我们也不会由衷地为对方高兴吧？因为我们都想拥有优越感，希望自己比别人"站得更高"。

不仅是工作方面，在家世、学校、容貌、身材、财产、知识水平、活跃程度、受欢迎程度等几乎所有方面，我们都会忌妒比自己优秀的人。

如果对别人产生了忌妒，请大家这样对自己说：

"唉，我可真小气啊！"

能坦率地承认"别人好就是好"的人，才是大度的人。记住要保持公正的眼光和宽广的胸怀。

器量是人格魅力的重要组成因素。

54

活出自我，
不要让『大家的想法』
占有你的情绪

有些事
根本不配占有
你的情绪

——不从众的生活方式

"大家"是谁？
用心过自己想要的生活

小时候，当你想要什么东西时，都会像这样缠着父母索要吧？

"因为大家都有了啊！"

不过，"既然大家都有了，就只能也给你买了"，这样想的父母其实是少数。对于孩子的这种小心机，更多的父母会反问他们：

"你说的'大家'是谁？是真的吗？"

其实无论孩子还是大人，心里都明白"大家"并没有实体存在。但如果听到有人说"大家都是这么说的"，就会认为那是大部分人的想法。可能出于想和大家保持一致，人们才总是随波逐流，而不能过属于自己的人生。所以，请各位留心把这个不存在的"大家"抛到脑后，用心过自己想要的生活吧。

55

试着『换个角度』

—— 角度不同，风景也不同

有些事
根本不配占有
你的情绪

别让你的"自以为是"限制了你

没有比"自以为是"更麻烦的东西了。如果臆想的内容是正确的,人们就会坚定不移地相信,无论别人怎么说,也不会改变想法。

但所谓正确,也只是部分正确,从其他角度来看就未必正确了。

与经过十年、百年、千年也依旧正确的真理不同,人们总是坚称"我说的是正确的",其中的"正确",其实是某种类似价值观的东西。因此,越是自己深信不疑的"正确",越有自我怀疑的必要。

如果换个角度看,会怎样呢?还能坚持自己的想法是对的吗?

这样的怀疑,能使我们看到不一样的风景,也就更有余力去关注和自己不同的意见或想法。舍弃主观臆断,从多种角度去寻找真正的正确吧。

56

不再一根筋，撞了南墙要及时回头

有些事
根本不配占有
你的情绪

——比起失败，白费工夫更可怕

你是那只一直往门上撞的牛虻吧

和尚风外本高,是一位非常擅长绘画的禅僧。

风外本高住在大阪一座破旧寺庙里的时候,有位富豪有些烦恼,来找他开解。他们一直交谈,富豪讲述着自己的烦恼,可和尚却被一只飞来飞去的牛虻吸引了注意力。

这只牛虻想要往外飞,却撞上了门,跌落在地上。可能是撞成了脑震荡,它在地上一动不动。本以为它死了,不料没过一会儿它又飞起来了,结果又撞到门上,如此反反复复。于是,和尚与富豪之间就有了如下的对话:

"这只牛虻真是可怜啊。这么破旧的寺庙到处都是洞,哪里都有缝隙,它却只朝着门飞,这样下去会死的。"

"您没听我说话,一直看牛虻,它有什么好看的?"

"不,我想它和人是一样的,都只会从一个角度看待事物,所以永远也解决不了问题。"

富豪恍然大悟:原来我的烦恼也正是如此啊!

57

尊重不同,每个人都是不一样的

——人与人之间的价值观千差万别

有些事
根本不配占有
你的情绪

重要的是找到求同存异的点

无论是外表、体形、能力还是性格,一百个人会有一百种样子,每个人都不一样。价值观也是如此,因人而异——不同的人拥有不同的价值观。

价值观既没有好坏之分,也没有优劣之别,人与人之间应该彼此尊重。不过,还是有不少人认为自己的价值观才是正确的,而否定别人的价值观。

最坏的情况是这些人会否定甚至批判和自己不同的价值观,还会试图将自己的价值观强加于他人,说类似这种过分的话:

"你不喝酒吗?啊?也不赛马、不赛自行车、不玩弹子球吗?你活着还有乐趣吗?"

当然,对于这些话,我们无视或敷衍了事就好。

把这些人当作反面教材,我们需要注意,不要去否定、批判别人的价值观。即使从自己的价值观看来是无法接受的,也要尊重别人的价值观,并且认真倾听他们的观点,这是很重要的。然后在理解对方价值观的基础上,对照自己的价值观,找到求同存异的点。

58

—— 这样才会事事顺利

不要抱有过高的期望

有些事
根本不配占有
你的情绪

过多的期望会给人带来负担

所谓"期望",无论是对于寄予期望的一方,还是被赋予期望的一方,都是件痛苦的事。当然,期望包含着祝愿对方成长、成功之意,并不是什么坏事。被期望的一方,也会为了回应期望而更加努力。

所以,我并不是说"不要期望",但过分期望就不好了。期望越大,结果没有达到预期时受到的打击也就越大。有时还会向对方抱怨自己的不满:"我对你有那么大的期望!"

对于被期望的一方,也很有可能因为过分被期望而产生压力,反而不能发挥出自己的实力。

适度的期望会为工作表现带来正面影响,但大多数时候,过高的期望会使人身心紧张,反而对工作表现造成负面影响。

其实,事情本来就不会按照我们期望的那样顺利进行。"进展顺利,是因为幸运",如果抱有这样的心态,心情就会放松,不会对不尽如人意的结果产生不满,而对意料之外的成绩则会倍感喜悦。

59

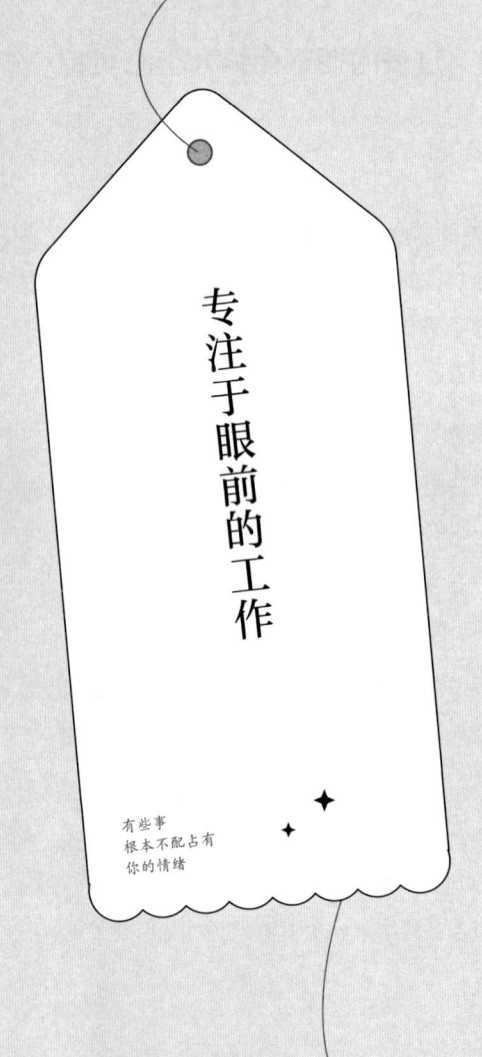

专注于眼前的工作

——这样便无心考虑多余的事

有些事
根本不配占有
你的情绪

重要的是，营造一个
有利于集中注意力的环境

人一旦专注于一项工作，其他的信息自然就会被屏蔽。

当我们全神贯注于眼前的事，就不会关注其他多余的事，达到一种全身心投入的状态。例如，电视开着，却看不见也听不见；听不见旁人说话；听不到手机的提示音，也不会注意到有人给自己发消息。

反过来讲，若我们能尽力打造出一个有利于集中注意力的环境，自然就不会注意无关紧要的事。

其实大多数的事情，即使自己不参与，也会顺其自然地发展，所以稍微放手也没关系。

全神贯注于眼前的事情，我们会过得更充实。

60

犯错后不要找借口

——否则那样只会让人觉得啰唆、丢人

有些事
根本不配占有
你的情绪

犯错时的铁则

当我们犯错的时候,比如迟到、没能在截止日期前完成、忘记领导交代的任务等,往往会找借口,想要说明自己为什么犯错,试图让别人知道自己的情况。

犯错的人可能会觉得"我并不是找借口,只是在说明情况"。但对于听者来说,那只不过是在辩解,单纯地找借口。

所以,说得越多,越想让对方明白,就越会适得其反,最后只会让对方觉得"啰唆""丢人""关我什么事"。

遗憾的是,对于自己以外的其他人来说,别人的事几乎都事不关己,不理解也是理所当然的。

我们要把这点牢记于心,尤其在犯错误后,与其啰里啰唆地解释,不如努力说明今后自己要如何做。

61

做自己，不被流行左右

—— 面对流行的『强买强卖』说句『No, thank you』

有些事
根本不配占有
你的情绪

当心被流行牵着鼻子走

包括社交平台在内的一些媒体,都在用巧妙的手段制造着流行。

时尚界每个季节都会发布一些让你觉得"确实如此"的信息。比如,"今年流行穿宽松的衣服,流行色是蓝色,这样的设计是潮流",还会鼓吹"不跟随潮流的人是不时尚的"。

另外,在生活方式上,媒体也给出了各种各样的提案。比如,"更高级的生活方式",或是参考公开数据制订的"退休前两千万日元存钱计划",与新冠肺炎疫情共处则提出了"加油,家常菜",等等。

不论哪一种,都很巧妙地选用了引人注目的标题,描绘出一个"触手可及的奢侈",以此来激发读者的购买欲。

如果人们一直身处这些流行信息中,并对各种推荐一一认真对待,就会在不知不觉中被流行所左右。换句话说,那样就会失去自我。适度顺应流行是好事,但是对于流行的"强买强卖",我们要说一句"No, thank you"。

CHAPTER 4

有些事，根本不配占有你的精力
——不再自找苦吃的思考方式

尽量乐观地思考
摆脱"苦思无果"
保持个人风格
做好自己的本职工作
……

62

不要放大不安，
尽量乐观地思考

—— 让人生更轻松的练习

有些事
根本不配占有
你的情绪

抚慰内心不安的方法

很多人在面对没有经历过的事情时,都会感到不安,比如第一次做某件事、第一次去某个地方、第一次见某个人。

同样地,在面对一些让人感到有压力的事情时,例如必须做出成绩的工作、犯了错误必须道歉等,几乎所有人都会感到不安。在这几种情况下,人们都会悲观地思考问题,胡思乱想,预设各种不好的结果。

但是,请大家仔细地想一想,把大量的时间花在"不安"上,问题就能得到解决吗?不能!所以这种时候,请对自己说:"今天总会结束,雨过总会天晴。不管多么令人讨厌的事总会有尽头。"

我们如果不主动意识到问题,就很难把心态从悲观转向积极。请大家把上面的话当作咒语念诵,重新乐观、从容地看待事物吧。尽量乐观地思考,就可以抚慰内心的不安,事情也会顺利推进。

63

摆脱『苦思无果』

—— 行动是最有效的解决方法

有些事
根本不配占有
你的情绪

行动起来才能找到解决办法

想必人人都有过遭遇意外而陷入恐慌的经历吧。这时候,大多数人都会感到大脑一片空白,只会机械地思考着"怎么办,怎么办,怎么办"。

只要这句话一直在循环,思考就近乎停滞。这时首先要做的就是强制自己结束这种状态,试着命令自己:"Stop!Stop!""快恢复原样!"

如此一来,就能从"怎么办"带来的负面循环中脱身。然后,在心里平静地想一想:

"现在,我能做的是什么?"

"现在,我该做的是什么?"

之后,付出行动,自然就能找到解决的办法了。

64

人生的主人公是自己，
请保持个人风格

有些事
根本不配占有
你的情绪

——不动摇、不迷惘的秘诀

过分听取别人的话，你会无所适从

倾听身边人的建议和想法是很有必要的，我们可以从中获得新的想法，学习到开展工作时具有参考价值的做法，还有增加选择的可能性等，可谓好处多多。

但是，过分听取他人意见也是不可取的。例如：

"小 A 是这么说的，果然不错。"

"小 B 是这么认为的，确实如此。"

"小 C 推荐这样做，也很有道理。"

这种情况下，人们会不知如何是好，头脑变得混乱、内心动摇，犹豫再三而最终无所适从。

为了避免这种情况发生，我们首先必须要有自己的想法，坚持自己的方向。

这就是自己内心应该拥有的绝不动摇的准绳，也就是"个人风格"。

你人生的主人公是你自己。

即便是听取别人的建议，也要保持个人风格，否则就会感到困惑："这到底是谁的人生？"

65

做好自己的本职工作就好

—— 你对别人是有用的

有些事
根本不配占有
你的情绪

你所有的工作都是有价值的

每天都在忙碌地工作，我们可能会突然感到困惑："我是否对人们有所帮助呢？是否在为社会做着些许的贡献呢？"

尤其在新冠肺炎疫情期间，越来越多的企业被限制营业，使得越来越多的人感到迷惘："我的工作，是不是并不重要？"

下面让我明确地告诉大家：所有冠以工作之名的付出，都是在以某种形式为社会做贡献，对人们有所帮助。对社会无用的是新冠病毒，而不是大家，也不是大家的工作。

另外，人们难以真正体会到工作的意义，其背后的原因还在于制造业和服务业等行业都有着较为细致且复杂的工作流程，人们很难看清自己所做的事，到底是以什么样的形式在对社会和人们发挥有益的作用。

但是，如果没有了你的那一份付出，整个工作将会无法开展，我们只要专心尽到自己的职责就好。人原本就是社会性动物，脱离了社会联系，人将无法生存。

66

每天制造一个『小变化』
让每一天都不同

——让生活更充实的小技巧

有些事
根本不配占有
你的情绪

感到一成不变？
试试这样做

人们用"十年如一日"来形容长年累月一成不变的生活。从安稳度日的角度上讲，这并不是什么坏事。但是太过单调乏味、毫无变化的生活，难免会令人感到有些寂寞。

所以当大家有这种想法时，我认为可以试着关注一些既定的事实，即没有和昨天相同的今天，也没有和今天一样的明天。

仔细观察，其实每天都不是完全一样的。吃的东西几乎每天都不重样，不论是和家人的对话，还是工作的内容，也应该是和昨天有所不同的，只不过我们没有意识到而已。其实无论是谁，都会从每一天的生活中，收获与平时不同的不起眼却又全新的体验。

如果觉得这样还不够的话，我推荐大家可以有意识地做一些和昨天不一样的事，哪怕是很小的事也好。这样一来，就会觉得每天都不一样，在不断积累的小小变化中，充实地度过每一天。

67

此时此处,此身此心

—— 好好活在当下

有些事
根本不配占有
你的情绪

做好当下该做的事

"此时此处,此身此心。"

这句话的意思是:

"请你在当下做好自己该做的事。"

因为我们只能活在当下的一瞬间。

另外,你只能存在于现在所在的这个地方,也只有你自己能做眼前该做的事。

归根结底,我们生命的本真只存在于现在。

让我们深入地去理解这个简单的道理吧。

这样一来,就能大大地减少对过去的悔恨和对未来的忧虑,减少过度烦恼、迷惘和沉思的时间。

现在,我们眼前就有该做的事,要向其中注入全部的生命能量。

这才叫"活着"。

68

沉溺于过去的人
会失去未来

——无论成功还是失败,都已经是过去的事了

有些事
根本不配占有
你的情绪

把一切归零，
着眼于现状去工作

工作一旦结束，所有的成功或失败就都成了过去的事。

一旦获得成功，人们往往会深信当时的做法就是最好的。沉醉于胜利的美酒中，那种陶醉之感着实令人难以忘怀。

于是，想要重续美梦，人们会产生一种倾向，认为只要重复先前的做法，一定还能那么顺利。

可是工作是时刻变化的。与工作相关的一切，包括工作背景、工作状况、人员资质等，都在时刻发生着改变。单纯地复制过去的成功经验，是不可能成功的。

对于目前的工作而言，过去的成功经验有可能是一种阻碍。把一切归零，着眼于现状，去考虑自己该采取怎样的做法吧。

英国前首相温斯顿·丘吉尔说过"沉溺于过去的人会失去未来"，正是这个道理。

69

没有两个工作是完全相同的

——所以要随机应变

有些事
根本不配占有
你的情绪

任何工作都需要在细致上下功夫

"世间发生的一切,无时无刻不在流转变化",工作亦是如此,没有两个工作是完全相同的。

如果是这样,就不能再用一成不变的方法来应对了。

我在做庭院设计进行用地分析时,采用的就是这样的做法。对地形条件的考虑自不必说,还要结合日照条件、土壤条件、庭院所有者的情况(公司的庭院、个人的庭院)、庭院使用时间和使用方法、人们当时的心理状态等,从各种各样的观点出发对用地进行"诊断"。同时在这个基础上,考虑如何对用地进行扬长避短的规划。

根据庭院主人的希望进行造型设计,细致深入地解读包含人的心理在内的用地条件,打造贯穿自我设计主题的庭院空间。

这与西方"铲平土地再造型"的理念大相径庭。我认为任何工作中都需要这种细致的功夫。

70

不要把事情拖到明天

有些事根本不配占有你的情绪

——今日事，今日毕

懈怠比丘，不期明日

有这样一个故事，讲述的是日本茶道流派里千家的茶室"今日庵"这个名字的由来。距今约360年前，千利休的孙子千宗旦，把现在表千家的茶室不审庵传给了三儿子江岑宗左，自己则在后面建造了一个隐居用的茶室。茶室落成那天，宗旦邀请了参禅师父清岩和尚。他想请师父来看看新茶室，并为茶室起个名字。

但是，已经过了约定的时间，清岩和尚还是没有出现，宗旦因为其他事情不得不出门。而这时和尚来了，宗旦让人给和尚留话说"请您明天再来"。和尚听了之后，在茶室的凳子上写下了这样一句话就回去了："懈怠比丘，不期明日。"

意思是"我这个懒惰的和尚，也不知道明天会不会来。"于是，从那以后，这间茶室就被叫作今日庵。

"不知道明天的我会怎么样，说不定已经死了，所以请今日事，就今日毕吧。"这是清岩和尚想表达的意思。不要把什么事都推到明天。

71

做自己擅长的事

——把自己不擅长的事情
交给擅长的人

有些事
根本不配占有
你的情绪

人的成长之处正在于此

任何人都有自己的强项和弱项。大部分的人出于某种原因，想要努力克服自己的弱项。越是认真的人，这种意识就越强。

人们之所以会这样想，可能是内心有一种执念，即"如果各方面不具备很强的能力，就不能被认定为优秀"。

其实，这也不是什么坏事，但是在不擅长的事情上放过自己又如何呢？本来在不擅长的事情上拼命努力，也不会取得多大的成果。

在我看来，在自己的强项上，十分的付出就会有十分的回报；而在弱项上，十二分的付出，也许只有八分的回报。

强项就是自己擅长的事，做擅长的事是开心的，成长速度也会很快。相反，弱项就是不擅长的事，能不做就不做，做的话人也总是没有干劲，成长速度也很慢。所以，既然你现在已经掌握了社会生活的基本技能，是不是该把自己从弱项中解救出来呢？

72 不勉强自己，也不勉强别人

——打造理想团队的方法

有些事根本不配占有你的情绪

各自负责自己擅长的领域

公司的业绩,是将每个人的能力都发挥出来的结果。因此比起个人的亮眼成绩,每个人为团队做出了多大贡献更重要。

最理想的状态是,每个人都在自己擅长的领域,发挥出120%的能力。

如果有十个人,就可能有十件擅长的事情,每个人只要在自己擅长的领域中,发挥出卓越的能力就好。

负责自己擅长的领域这种方法,比起将那些没有明显强项弱项、中规中矩的员工捆绑在一起,更有可能获得强大的团队力量。

这种方法最棒的地方在于,团队里所有成员都在自己擅长的领域中努力工作,可以不用勉强自己或别人去做不擅长的工作。所有员工都愉快地工作,就能取得令人欣喜的结果,公司也会越来越好。如此,公司内部便形成了良性循环。

73

女生并不比男生差

——男女只有不同,没有优劣

有些事
根本不配占有
你的情绪

性别与能力没有任何关系

几年前,在日本许多医科大学和普通大学医学系入学考试中被发现存在违规行为:所有女生和多年的复读生的录取分数线都被拉高了。

"很多女医生会因为结婚或生育而离职""如果男医生减少,那么外科和急救等科室就会出现人手不足的情况"等,或许学校方面也有他们自己的理由。但是,单纯因为男女性别原因,就在考试中加以歧视,这实在是有点儿戏了。

我也在大学教书,也会参与入学考试的相关工作,据我所知,阅卷人是看不见考生的性别和名字的。因此,不可能出现考试及格男女人数相同的情况。年份不同,男女的比例也不一样,这才是正常的考试结果。

不仅在考试中,在商业或是其他领域,性别歧视也已经行不通了,因为性别与能力并没有任何关系。

男女差别就如同个人差别一样。这种差别也是一种"个性"。所以在评价基准当中,没有男女性别之分。请单纯地考虑"大家都是人"这点就好。

74

没有学历不等于就不能成功

——重要的是发挥才能

有些事
根本不配占有
你的情绪

只靠学历就能立足？
社会才没那么简单

工作能力与学历之间不完全是正相关的关系。

事实上，我认识的人中就有这样一位。初中和高中上的都是升学率很高的好学校，但因为他想早点进入社会参加工作，就没有上大学，而选择去一家房地产公司就职。他发挥了自己的才能，年仅30岁就实现了财务自由，而且事业有成。

还有一位，毕业于职业高中，就职于一家大型建筑公司。他在众多本科毕业的同事中脱颖而出，当上了社长，并成功地把公司做大。他常说："我的成功与学历没有任何关系，我是靠结果取胜的。"

过去人们一直说，"上了一流大学，就能进入一流企业，才会有出息"。但是现在看来，这种神话早已不复存在了。这也意味着社会变正常了。只要有高学历，人生就开启了"高能模式"？不可能有这种好事。

而且请大家记住，进入社会后，你仍然可以选择重新步入学校，通过提高学历获得晋升机会。

75

晚上,请好好睡觉吧

有些事
根本不配占有
你的情绪

——早上才是做决定的最佳时机

夜晚的疲劳和黑暗
会打乱你的自制力

事情越重要,就越不能在身心都处于消极、疲惫状态时做决定。

当思考方式变得悲观时,就会引发消极的行动,因此恐怕得不出卓有成效的结果。

另外,夜幕降临之时,也是人们自制力比较弱的时刻,这时不适合做重要的决定。也因为此时,人们难以控制情感,很难拿出正向、积极的方案。

这个时候,哪怕回复一封重要的邮件都是有风险的,有可能引发巨大的麻烦。

从自然规律上讲,身心的疲惫和夜晚的黑暗都在催促人们休息。所以请大家好好睡觉,补充身心的能量吧。

放弃在晚间做决定。早上身心舒畅地醒来,沐浴晨光后做好准备,这时才是做决定的最佳时机。

76

对自己不设限也不高估

—— 公正、真实地看待自己和他人

有些事
根本不配占有
你的情绪

不要囿于成见

我们常说，成见会影响人们对他人的看法。所谓先入为主，在初次见到某个人时，如果过度调查对方是个怎样的人，尤其在听到一些负面的评价和传言后，就会导致对他人的印象固化。结果很可能会误会对方，也把交朋友的机会亲手扼杀在摇篮中。

俗语说"不要囿于成见"，我们要提醒自己，不要带着成见来评判别人。

这里的成见，不仅在看待他人时需要避免，有时我们审视自身时也会带有成见。

我们进行自我分析时，有时标准很宽松，有时又很苛刻，但无论哪种情况，都掩盖了我们对自己的真实判断。

注意，不要不经过仔细分析，就轻易认定"我就是这样一个人"。不然我们会亲手为自己设限抑或是高估自己。

77

越是顺利，越要警惕

——顺利的时候
是最容易懈怠大意的时候

有些事
根本不配占有
你的情绪

顺境中不要懈怠

黄金是物质价值的一种体现。金光闪闪、堆积成山的黄金着实会让人目眩神迷。看到黄金时,恐怕人们眼中除了金子的金光,就再也看不见别的东西了。

如果黄金的旁边设置了陷阱,那会怎样呢?十有八九,大多数人都会掉进去。

商界中的大多数丑闻都是这样的案例。例如,贿赂和欺骗,或者导致巨大损失的欺诈性暴利行为,这些都是利令智昏而做出错误决定的例子。

尤其需要引起我们注意的是,工作进展顺利的时候,是我们精神最放松的时候,就容易懈怠大意,被引诱去做不该做的事。

无论是贿赂、诈骗还是交小额预付款(税费)得巨额回报,下面往往都藏着陷阱。请务必谨慎地看清楚。

78

你不用委屈自己去讨好别人

—— 卑微会让你远离成功

有些事
根本不配占有
你的情绪

"拍马屁"只会让你自降身份

做销售时,如果能抓住业界和公司中关键人物的心理,就有可能收到大量订单。众多公司的营业人员都察觉到了这一点,所以想尽办法,拼命地去奉承这些关键人物。"拍马屁大赛"就这样开始了。有时就会发生请客和金钱往来等事情。

如果在你的周围也有这样的"比赛",请马上弃权。即便通过阿谀奉承签订了合同,也只会使双方的关系陷入进退两难的境地。购买方变得自大,而销售一方则变得卑微,也就无法保持正常的交易关系了。

而且,你很有可能会因此受到社会的制裁。

其实,如果商品本身就很优质、很吸引人,那么不去奉承这些关键人物,也是能卖出去的。

无论销售方还是购买方,双方的地位本来就应该是平等的。如果销售方自降身份,那么再优质的商品也很难卖出去。

79

勇敢地决定,
不要被无关的人干扰

有些事
根本不配占有
你的情绪

——过多的意见会让人陷入迷惘

"就这么做"，
做决定时的规则

有时候公司想要广泛征询意见，于是就在公司内外召集了很多人进行头脑风暴。

想法越多，选择的范围就越大，人们就越期待这样的头脑风暴能够提高工作质量。

这很好，只是存在一个大问题。那就是决策者有时会被铺天盖地的想法所淹没，倍感困惑、迷惘，反而经常做不出任何决定。

尤其是局外人提了一些随意而又不负责任的建议时，如果一一倾听、采纳，情况就会变得不可收拾。从某种程度上讲，收集外部的想法，到了某一阶段后就有必要叫停。

这种征求意见的会议只需安排在初期阶段进行，而且当你决定"就这么做"时，只需要和了解这个问题的一小群精锐人士一起推进就好。

80

不要让胜负欲
搞得自己身心俱疲

有些事
根本不配占有
你的情绪

——有时逃走也是一种胜利

果断地从胜负的舞台上走下来

现在,不仅是商界的战士们,也包括参与"应试战争"的孩子们,或者说得夸张一点,有一个算一个,所有人都在这个竞争社会中激烈地交锋。

这都是因为人们内心有着各种各样的愿望:"想要在工作上做出成绩""想要出人头地""想掌握工作的主导权""想成为被公司和社会高度评价的人"。

这种想法本来是好的,但是过分执着于在竞争中取得胜利会怎样呢?太过拼命,身心疲惫,甚至会有崩溃的危险。

尤其是当竞争对手太强,或者是制定的目标难以实现的情况下,这时还要继续努力就太折磨人了。我们要像《孙子兵法》中说的那样:"三十六计,走为上计。"

不再左思右想,还是先"逃"为妙。更加明智的做法是,将你花在战斗上的精力用于发展你的能力,从而使自己能够与对手在同等水平上竞争。有时,果断地走下竞争舞台,给自己充电也是很重要的。

81

请别人帮忙时要实情以告

——拜托他人代劳和接受工作时的规则

有些事
根本不配占有
你的情绪

绝对不能模糊工作时间和工作量

工作中,想让别人帮助自己时,除了要告知对方工作内容外,还必须明确地告诉对方工作量和大概所需的时间。

因为太想得到别人的帮助,所以随意地模糊了这些情况,不清不楚地拜托别人,会对双方都造成困扰。比如:

"啊,这是个很简单的工作,我觉得你用两个小时就能完成。"

这样的请求或许也会被别人接受,但实际操作中会遇到各种意外和麻烦,往往会花上几倍的时间。对方也以为两小时就能结束,所以接受了工作,结果耗费大量的精力,给对方造成不小的困扰。

因此,接受工作的一方,也需要清楚地告诉对方自己能帮助到什么程度。可以这样说:

"下午三点之前我可以帮你,但三点以后我有个约会,所以没时间。照这个工作量来看可能会做不完,你还是再找一两个人帮你吧。"

包括向他人寻求帮助在内,如果想要顺利推进工作,我们需要具备安排工作的能力。

CHAPTER 5

不必如此"黑白分明"
—— 舒适地度过一生的启示

一切都会过去

所有经历,都是成长的礼物

相信自己的选择

失败了也没关系

……

82

一切都会过去

——坦然地接受一切

有些事
根本不配占有
你的情绪

在任何日子都能保持平静的智慧

生命有诞生，就会有死亡。

事物有开始，就会有结束。

这是永恒不变的真理。

无论发生了什么问题，无论你再怎么拼命挣扎，也不会有永恒不死的生命和永不完结的事物。

所以，无论好事还是坏事，都不会一直持续下去。

如果能将"诸行无常"这个普遍真理记在心中，那么便不会在好事不断时欣喜若狂，在坏事临头时愁眉不展了。内心变得平和，人生静好。

坦然地接受发生的所有事，才能保持心态平静。

如果发生的事让你觉得不安，请在心中这样告诉自己：

"诸行无常，世间变化流转，万事自会终了。"

83

所有经历，
都是成长的礼物

有些事
根本不配占有
你的情绪

——一切都取决于思考方式

无论发生什么，"日日是好日"

从根本上讲，事物本身并不存在"好"与"坏"。

请"停止以善恶评判事物"或"应该抛弃二元论的思考方式"。

更具体地讲，这种思考方式可以理解为"现在只是得到了属于此刻的经历，这个经历本身没有好坏，而是取决于今后的行动或努力，无论如何都会有所收获"。

其实很多时候，即使当下觉得痛苦、折磨或悲伤，可能以后回想起来，都会是宝贵的经历。

所以无论发生任何事，都不要慌张。

所有经历，都是成长的礼物。

正所谓，"日日是好日"。

这样想来，就会拥有"尽是好日"的梦幻人生。

84

相信自己的选择

—— 之后，为选择做出努力

有些事
根本不配占有
你的情绪

选什么不重要，
重要的是怎样执行自己的选择

人生中所有的事，你不尝试就永远不会知道结果。而在做之前纠结"这样做好，还是那样做好，到底选择哪个才好"，其实没有任何意义。

因为正确答案并非只有一个。

英国的数学家、作家、诗人刘易斯·卡罗尔说过：

"如果你不知道该去哪里，那么选择哪条路都一样。"

所以，为到底哪个才是正确答案而烦恼，是毫无意义的。

我们要清楚，任何选项都是一样的。因此，坚定自己的选择并努力做出成果才是聪明的。

如此，你的心情便会一扫阴霾，也不再迷惘。而你要做的就是想一想，怎样将自己的决定推向正确的方向，至于结果，就顺其自然吧。

85
———

那就是当时
最好的解决办法

有些事
根本不配占有
你的情绪

——不要在意别人说了什么

如何应对放"马后炮"的人

在职业棒球中,领队负责所有的指挥工作。他需要关注比赛的形势和对方的战略,并需要随之做出决策。

而最令人为难的是,明明有很多方法却只能选择一个。所以比赛不顺利的时候,人们常常会心生后悔——"要是那么做就好了"。其实,那么做也未必就会顺利,可能只是被"那么做一定有用"的幻想束缚了而已。

而且,从评论家到球迷也都说指挥有问题,全是一些"马后炮"式的点评。

但其实,没必要把这些"局外人的意见"放在心上。日本棒球巨人队教练原辰德常说"那就是当时最好的解决办法",你只要充满自信地说出这句话就好。

人生亦是如此。指挥人生这场比赛的是你自己,所以就算不顺,也不是指挥失误,不过是一个单纯的结果,在之后的人生中汲取教训就好了。要相信,所有的决断都是当时最好的选择。

86

——专注于眼前该做的事

后悔过去和担忧未来
都是种『妄想』

有些事
根本不配占有
你的情绪

赶快忘记，赶快放手

你是不是常常因为后悔，对过去的事耿耿于怀？

或是因为担忧未来的事而惴惴不安？

然而，这二者都毫无意义。

如果一味地放不下就能抹杀过去，或一味地看不开就能喜迎未来，那这种纠结或许还有价值可言——但这都是不可能的。

对过去的悔恨，对未来的不安，都是不切实际的，也可以说，都不过是一种"妄想"。陷入这种纠结中，人就会失去行动的自由，这实在是太愚蠢了。

所以，请莫起妄想之念。

为了将过去的失败化作今后成长的能量，也为了避免不安成为现实，我们能做的就是专注于眼前该做的事情。专注于当下，就没有精力去悔不当初或杞人忧天。所以马上行动起来，将毫无用处的"妄想"清出脑海吧。

87 失败了也没关系

—— 站起来夺回胜利

有些事
根本不配占有
你的情绪

拼命努力，
是面对失败的最佳姿态

没有从不失败的人。干得越多的人，失败也会越多。失败是通往下一次成功的必要环节，所以不必因失败而备受打击。

在日本过去的武士社会中，一旦失败，就会被命令切腹自尽。但是现在，就算被问责，最多也不过是减薪、降职、解雇，没人会要你的命。所以与过去相比，现在的失败不过是"皮外伤"。

无论失败后会被怎样处理，都要有从头再来的勇气。然后在反醒的过程中仔细地排查，找出失败的原因。找出原因后，重整旗鼓，"喂，比赛才刚刚开始，我要夺回胜利"。

其实，人生来就一无所有。所以无论你因失败失去了多少，最后只不过是再回到原点。而从原点出发存在着无限可能，不怕失败，最能令人变得坚强。

确实，拼命努力，是面对失败的最佳姿态。

88

别着急,
脚踏实地地做事

——急于求成,
往往会距终点越来越远

有些事
根本不配占有
你的情绪

"捷径"中的陷阱

千里之行,始于足下。

不积跬步,无以至千里。

冰冻三尺,非一日之寒。

聚沙成塔,集腋成裘。

这些话的意思都是说"任何伟大的事业都是由一点一滴、脚踏实地地努力积累而来的"。

反过来说,人不可能不努力就一蹴而就。

现在,在合理化、高效化的号召下,人们越来越喜欢寻找抵达终点的捷径。捷径走得通,自然事半功倍,但因为走捷径而出现问题,最后适得其反的例子才是大多数人的现实。

急于求成时,就告诉自己要脚踏实地。

89

梦想不需要太大

—— 制定目标的技巧

有些事
根本不配占有
你的情绪

关注梦想的同时，
看清脚下更重要

拥有梦想和目标是非常重要的事情。

梦想和目标是大还是小，与个人的感受、能力、所处的立场等有关。

不管怎样，有一点可以明确，如果感觉梦想和目标对于自己来说太大了，那么"拥有"梦想，不如"高举"梦想。

因为，背负着过于宏大的梦想或目标，会感到太过沉重，有时会无法前进，甚至可能会压垮自己。

而如果把梦想或目标"高举"起来，又会怎样呢？

它们会变成路标，自己身上的负担也会随之减轻，前进的脚步自然会加快。从结果来看，这样就能更快地抵达终点。

在关注梦想和目标的同时，也要关注脚下，要轻松、愉快地迈出坚实的每一步。

90

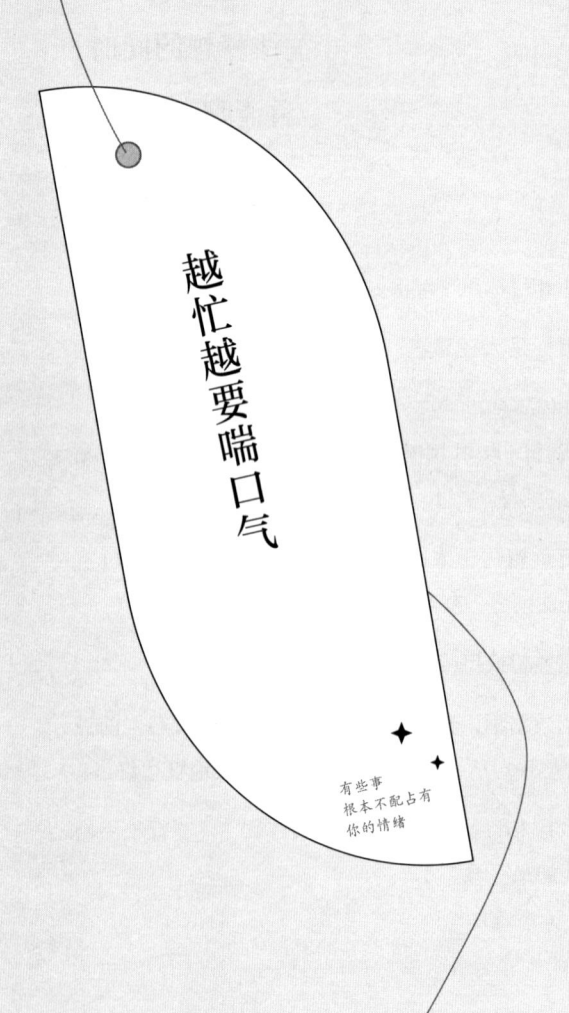

越忙越要喘口气

——只是发呆就好

有些事
根本不配占有
你的情绪

会休息的人才会工作

大多数日本人都很认真,他们觉得休息会产生罪恶感。生活中有不少人,即使感觉身体不适,也依然坚持去上班,对吧?新冠肺炎疫情开始扩散时,社会积极地呼吁人们"即使身体只是稍有不适,也不要勉强上班,请在家休息"。如果人们不顾身体不适而勉强上班,就会有扩散疫情的风险。很讽刺的是,这和日本人的勤奋正相矛盾。

这个先搁置不谈。来说一下每天工作时我们需要注意的一个关键点,那就是:

工作进行到某种程度时,要歇一歇,喘口气,一边回顾自己已经完成的部分,一边给自己充个电。

这样做不仅能消除疲劳,或许还会收获意外的灵感。我把这叫作"驻足效应"。

也不必特意选在某个休息日。在工作的间隙,花上几分钟看一看窗外的景色,或者到屋顶,到更高的楼层上抬头看看天空,再低头看看喧嚣的地面。请在身处繁忙的时候这样试一试,一定能体验到颇有成效的"驻足效应"。

91

每个人都是不一样的

—— 有所不同是与人交往的前提

有些事
根本不配占有
你的情绪

从共鸣出发，
沟通会变得更顺畅

人们总是深信自己的想法和大多数人是一样的，因此就视那些和自己持有不同想法的人为另类并加以否定。

这里再重申一次，世上并不存在和自己想得完全一样的人，这才是"千人千面"，完全不适用和大多数人是一样的这一概念。

以此为前提，如果对方的话中有让你觉得和自己的想法"不一样"的地方，不要马上反驳，先听对方把话说完，找出引起共鸣的地方，然后说：

"这个想法和我的很类似。不过余下的部分，就稍微有些不一样了，我是这样认为的……"

如此，从共鸣出发，沟通就会变得顺畅。

请大家千万铭记，自己和别人是不一样的，有所不同，十分正常。

92

即使赢了,
也要给对方留有余地

——做得过火就要小心报应

有些事
根本不配占有
你的情绪

不要以胜利者的姿态
把自己的观点强加给对方

有关"打人,还是被打"的问题一直争论不休。正如大航海时代以后,欧洲人征服了亚洲和美洲,并建立了殖民地一样,围绕着财富、特权的战争至今也未曾停息。

另外,企业之间以并购为名义的较量也在不断进行中,个人层面中欺凌弱小的霸凌现象也广泛存在。

无论是哪一种,若要将对方蹂躏到体无完肤才罢休,那么迟早会受到严酷的报应。这是人间亘古不变的真理。如果竞争实在不可避免,那么最糟糕的做法,就是胜利的一方把自己的文化和价值观强加给失败的一方。

站在对方的立场上想一想,自己珍视的文化和价值观被剥夺,一定会憎恨对方吧?

失败的一方会把被征服的怨恨化为力量,并投入到新的战斗中去。先明白这一点,再考虑下一步具体应该怎么做。

93

熄灭『战斗的火种』

—— 如何化敌为友

有些事
根本不配占有
你的情绪

不敌视对手，
将其拉为同伴

企业间进行的并购或合作，其主要目的都是弥补彼此的不足，并将力量集中起来使之增强为两三倍，甚至四五倍。在这里引入收购方或被收购方的概念会有些麻烦，无论如何公司内部都会出现"被收购方必须遵从收购方"的风气。

这对双方都不利。能在同一家公司共事是缘分，所以在尊重双方公司文化的同时，磨合彼此的思考方式和工作方式，从而逐渐找到最佳的模式，这才是本来应该有的姿态。

京瓷的创始人稻盛和夫进行过多次并购，其中有许多濒临破产的公司，为了自救而寻求他的帮助。稻盛和夫会和通过并购而加入自己集团的员工推心置腹地谈话，使彼此成为以心相交的伙伴，也让他们融入了新集体。

不敌视对手，而是将其拉为同伴——我认为这种态度非常重要。

94

你所谓的『正确言论』并不一定能说服他人

—— 『盖章』也没用

有些事
根本不配占有
你的情绪

说服他人的技巧

和别人讨论的时候,如果自己宣扬了所谓的"正确言论",往往会惹得对方不高兴。

你是否也有过这种经历?当对方提出"正确言论"时,自己则想用"你说得对,但是……"之类的话来反驳对方。

为什么会这样呢?

所谓正确言论,也不过是一般情况下的结论,只是在通常情况下会被认为是正确的。而在复杂的社会或商务场合中,常常有完全行不通的时候。

所以,不要再像"盖章"一样使用所谓的正确言论了。人们或许会拜服于黄门大人(德川光圀)的印章,但是你的正确言论只会遭受抵制。

我觉得我们应该这样,先表现出对对方的理解:"如果是站在您的立场上,是否觉得这种想法很难实现?"

然后再推进对话比较好。这样一来,对方更容易说出真心话,并且有可能探索出解决问题的方法。

95

巧妙让步

—— 擅长争论的人都做些什么

有些事
根本不配占有
你的情绪

决裂是最坏的结果

与人争论的时候,大家说的都是自己认为正确的话,也就是所谓"正确言论间的交锋"。

如前面所言,如果改变立场,我们就会发现将所谓的正确言论强加于人是不会有结果的。如果双方互不相让,一直无休止地争论下去,就会导致沟通失败,谈判决裂。

当然,有时也需要采取这样的威势,但是大多数情况下,都是有可能找到妥协点的。

实际上,所谓争论,就是阐述个人主张的同时,找出妥协点从而得出结论。这才是争论的目的。如果闹到彼此决裂的地步,争论也就失去了意义。

这里,大家要学会退一步。遇到相似情况我们就可以这样说:

"这一点我们可以让步,但这里是没法妥协的,所以能否请您考虑一下?这么一来,需要解决的关键问题就是这里了,您看怎么样?"

如此,既保住了对方的颜面,我们也能在一定程度上表明自己的立场。或许有些困难,但这是巧妙解决争论的最好方法。

96

人生本来无一物

——死后一分钱也带不走

有些事
根本不配占有
你的情绪

做让身边人快乐的事，
才会感受到真正的幸福

钱赚得越多，对金钱的欲望就会越大。不仅是金钱，所有的物欲都是如此，不知道哪里才是尽头。大多数人都被这样的想法束缚着："赚很多钱就能买想要的东西，还能随心所欲地享受奢侈的生活。这是最幸福的事了。"

但是请稍微想一下，若只是为自己赚钱，难道不会觉得非常空虚吗？

因为无论赚多少钱，死后一分也带不到另一个世界。

所以，在赚钱的目的中加上"为后世、为他人"吧。这样你就能遵循幸福的新方程式生活下去：做让身边的人快乐的事情＝幸福。死后若还有很多钱，你可以通过遗嘱把钱捐出去，从而帮助别人。如此一来，你将告别空虚感。

97 知道自己该干什么

——然后努力地生活

有些事
根本不配占有
你的情绪

不同的人生阶段该做的事

每个人诞生于世，或许都肩负着上天交付的使命。

这一点也可以说是每个人在生活中需要扮演的"自己的职责"角色。

那么，你知道自己的使命是什么吗？

你可能会说："谁会知道这个？不知道。"

其实不知道也没关系。

我认为比起知道，更重要的是在人生中经常追问自己，"我的使命是什么？"

这样，在自问的过程中，我们就能认识到自己在人生不同阶段中的角色，并且努力扮演好自己的角色。

反过来说，如果全身心地投入到一项事业中，那么也可以视其为上天赋予自己的使命。

98

自由自在地活着

——柔软、谦虚,并且保持自我

有些事
根本不配占有
你的情绪

柔软心

自己的人生，大家都想以自己的方式生活。其要点有两个。

第一，要有一颗"柔软心"。所谓柔软心，就是没有固定形状，像云朵一样的心灵。思考事情时，不会用"应该""必须"去约束自己的想法，而是根据对方的情况和事情的发展自由自在地调整。

正是处于这种自由当中，人才能做自己。

第二，是谦虚。换句话说，做自己能做的、擅长做的事。

仔细想想，勉强去做自己能力范围之外的事或不擅长的事，其实是不自量力，同时也是一种傲慢、丧失自我的表现。

以谦虚的态度从事擅长的事，你才能做自己。

你需要有放下的能力，承认谁都有做不到的事，才可能拥有一颗"柔软心"，才会变得谦虚。让我们以此为武器，助力自己活出自我吧。

99

做好该做的事,
然后顺其自然

有些事
根本不配占有
你的情绪

——尽人事,听天命

这句话尽显"放下力"的真谛

做什么事都要拼命努力地去做。

然后不去担心是否会达到理想的结果,也不在意上司或世人的看法。放空内心,倾注自己全部的心血投入其中。

所谓"尽人事",就是这个意思。

做好该做的事,做好能做的事,但去耕耘,不问收获,顺其自然。

等待上天下达的"天命",也就是说听从上天的旨意。

换句话说,"我只能做到尽人事,至于结果怎样,并非我能左右,所以再去烦恼过去的事也无济于事"。

这句"尽人事,听天命",会让你感到神清气爽。别在事情开始之前就担心结果和别人的看法,内心乱作一团,不利于集中注意力做事。